鯨魚上鉤

How To Hook
A Whale

抓住高資產客戶的銷售聖經，
業績快速衝頂的超業思維。

曾任皇冠、星億等
娛樂集團的國際行銷總裁
林義儐
Marcus Lim—— 著
曾秀鈴 —— 譯

目錄

推薦序一

高資產客戶更敏感，你得用真心互動

暢銷書《超業攻略》作者、Podcast《銷幫》幫主／解世博

在我輔導、授課長達十二年的時間裡，常收到銷售團隊提出這樣的需求：「老師，請你教我們如何開發和經營高資產客戶！」其中，又以金融銷售產業（銀行理專、證券從業人員、保險銷售等）及房仲銷售產業為主，這群人有著更高的企圖心，想打入、經營這群鯨魚級（高資產）的客戶。

確實，人人都想經營高資產客群。學員最常問我三個問題：

一、如何開發與經營高資產客戶？

二、高資產客戶的開發與經營方式，跟一般客戶有什麼差異？

三、想開發、經營高資產客戶，要靠什麼決勝負？（是產品本身？還是銷售或服務技巧？）

先提醒各位別忘了：這些鯨魚級客戶，每個人都想極力爭取。只要知道有某位實力雄厚的客戶，銷售人員各個都使出渾身解數，想要親近他、進而成交。這也意味經營高資產客群，更是充滿挑戰與競爭。

而我最喜歡這本書的是：何不做好所有準備，讓鯨魚級客戶自己上鉤！看似簡單的一個觀念，裡面卻深藏許多銷售智慧（銷售智慧絕對勝於銷售技巧），這正是超業銷售與一般銷售思維上的差異。

此外，不論是高資產客戶或是一般客戶，這兩者間的銷售模式，並沒有你以為的天壤之別。反而書中有許多地方，作者都一再探討、強調**「發現每個客戶的差異、用心經營客戶」**。我絕對相信，**這是超業銷售與一般銷售，最大的勝出關鍵**。

誠如作者所說：「有錢人的觀察力更敏銳。他們會觀察你如何對待遇到的每個人，以此判斷你是什麼樣的人。」那些高資產客戶，他們的敏感度更勝於一般客戶，你得更加用心經營，而且真心互動，這絕對假裝不來。

就像我常在課程中提醒學員：**「別把客戶當肥羊宰，用採礦思維去經營每一個客戶，你就會看到巨大的商機寶藏。」**銷售人員在滿足客戶需求與夢想的同時，更要能創造出客戶嚮往的美好體驗，這也正是「讓鯨魚上鉤」的超級心法。

你一定常看到，業務團隊在賀成交海報上出現「大船入港」、「大泡不斷」等字樣。讓鯨魚上鉤，確實是許多銷售人的夢想。

衷心推薦這本《讓鯨魚上鉤》，它不但能為你帶來大鯨魚客戶，還能創造你與競爭對手的差異！

推薦序二

超業思維，就是「先交友，再交易」

暢銷書《業務九把刀》作者／林哲安

當初，閱讀書稿時，覺得本書作者的經歷很特別：在世界前幾名的知名賭場做行銷，向超級富豪們推銷賭博和娛樂設施，並為公司帶來驚人的業績！我心想：「作者這樣的背景經歷，適合我們閱讀嗎？會不會只限相關行業的業務才適合看？」但是，看完後我改觀了。

書中，作者提到銷售的成功與否，取決於三個決定性因素：

一、態度：願意不斷認識新朋友、學習新知，並在能力範圍內盡可能為客戶提供最佳體驗。

二、行為：表現熱情、積極態度，讓客戶留下深刻印象，對產品也有充分了解。

三、技巧：良好溝通技巧和周全計畫，能以正確方式面對潛在客戶，並達成交易。

這不禁讓我想到朋友分享的經驗：有一次，他在某個車站的餐車前，想買份早餐充飢，問餐車服務員：「臺鐵等候區可以進食嗎？」

餐車服務員回答：「不知道！」

我朋友心想：「在這裡做生意，卻不知道這種關係著營業額的事，怎麼行呢？這樣我就不能買了！」

後來，他去問離餐車僅約三十步距離的站務人員，站務人員告訴他：「等候區可以進食。」

於是，我朋友再回到餐車前，對服務員說：「我幫你問了，等候區可以吃東西。如果你不知道的話，今天的收入可能會掉很多喔！」

此刻，如果你是餐車服務員的話，應該會說聲謝謝，對嗎？但是，這位服務員連一句謝謝也沒有，只問我朋友：要不要加購飲料？

我想，這位服務員在態度和行為上已經出了問題，而僱用她的人完全不知情。

看完本書，我覺得作者最厲害之處在於：把重點放在了解客戶，並成為他們的朋友；同時，知道對方想要什麼、為什麼想要，以及適合對方的溝通方法，銷售美好體驗給客戶，而讓客戶願意一再上門。

我好喜歡作者在書中談到，他曾讓一位從不賭博的印度人成為他的客戶，以及他花了兩年等一個億萬富翁的故事。這兩則故事都非常經典，他**完成交易的核心關鍵，離不開「先交友，再交易」**。

我常看到一些業務，在社群媒體上到處發送推銷訊息，不知道你是否也曾被打擾過？其實，銷售就像男女朋友交往一樣，都得從彼此互相了解開始，有了好感後，才能進展到成為男女朋友，最後才有機會訂婚、結婚。心急吃不了熱豆腐，一開口就推銷，只是亂槍打鳥，效果有限。

我認為，如果你是剛進入業務銷售這一行，這本書可以給你正確的方向和思維；如果你是做銷售兩到三年，還沒有好成績，這本書可以幫你找到盲點；如果你想做高端客戶的生意，這本書可以給你一些新觀念和實際做法。相信這本書，可以讓你突破客戶心防，成功擄獲客戶心房。下一個超級業務就是你！

自序
高端客戶（鯨魚）的運作內幕和利基

通往成功的路絕不會只有一條。

以前有個成功人士這麼做，於是我們便認定這就是「答案」，但這未必是對的——而是我們的倖存者偏誤（按：survivorship bias，指過度關注「自某些經歷中倖存」的人事物，忽略或沒觀察到其他未倖存的，而造成錯誤結論）在作祟，導致事後歸因謬誤（按：post hoc fallacy，指一種「因為A先於B發生，A就是B的原因」的不正確推理）。因此我極力避免這麼做。我絕對沒有聲稱我個人通向成功的途徑超神奇、絕對萬無一失，所有人都適用。

但我相信，分享我的故事是有價值的，因為這並不常見。**我致富的方法，不是創辦一家成功的科技新創公司，而是吸引超高淨值人士來賭場消費**（按：美國對高淨值人士的一般定義為，擁有一百萬美元以上資產，且可投資資產在十萬至一百萬美元以上的投資者。在賭場術語中，這種富有且願意下高額賭注的人，被稱為「鯨魚」）。我相信，我的故事之所以有價值，是因為它具有挑戰性。我身為一個商學院的輟學生，過去對職場政治和企業文化一無所知，卻常被對手強迫陷入職場鬥爭，而我渾然不知，直到後來我才掌握其中訣竅，並迅速超越他們。

我在這本書中分享的課程並不複雜。這些事情簡單明瞭，持續練習一段時間後，你甚至會覺得這些不都是很簡單的常識嗎？然而，這些經驗教訓正是讓我邁向成功的關鍵。有許多業務員即使具備了豐富的資歷，都沒辦法做到，而我多麼希望有人能在我剛開始起步的階段，就把這些知識傳授給我。

事後看來，這些技巧為我奠定了基礎，讓我能跟重要客戶建立牢固而緊密的關係，有些人甚至成為我一輩子的好朋友。

希望我的個人經歷和一路上學到的教訓，能提供給你一些幫助，無論是在銷售業務中取得成功，或是在大學考試中讓面試官留下好印象。就算一開始出師不利，也不代表與成功無緣，起初不被看好卻鹹魚翻身的故事是真實的，就發生在你我身邊，**不是只有**

會讀書的人才能成功。

既然你繼續讀這篇文章，下列情況應該至少有一項是成立的：

1. 你是賭場銷售的同行，好奇我會說些什麼。
2. 你不是做賭場這一行，但好奇優秀業務員必須具備哪些條件。
3. 你想成為服務高端人士的業務員，正在研究這個世界運作的內幕，以及進入這個利基（按：niche，指已有市場占有率絕對優勢的企業，所忽略的某些細分市場）領域必須具備的條件。

我曾在博弈和酒店業的大公司做到最高職位，為公司帶來數十億美元利潤，打破有史以來的紀錄。但我的童年，是一家八口擠在一間三房的組屋（按：HDB，新加坡政府興建的公共住宅）中度過。

嚴格來說，這不是一本探討如何銷售的書，也無意成為銷售聖經。我並不想變成另一個假的銷售大師，宣稱只要掌握某些銷售技巧，就會讓你成為百萬富翁（如果某些作者宣稱有類似的銷售技巧，他們現在應該在加勒比海的豪宅中度假，而不是只為了博得大師名聲，辛苦的寫書）。

我寫這本書有兩個原因。首先，我受夠了不懂銷售的業務員。糟糕業務員的數量之多，讓我感到沮喪。其次，早期我在這一行的時候，完全沒有人教我怎麼做，必須靠自己摸索。長期被忽略的有毒職場文化和鬥爭，讓我差點放棄這個工作，我不希望有人跟我一樣必須忍受這種情況。比起一個人單打獨鬥，參考我一路走來學到的銷售技巧，對任何人應該都有幫助。就算你是新手業務員，閱讀本書的過程應該也能學到一些東西，這一點我毫不懷疑。

畢竟，我們一直在向其他人銷售某種東西。這次，我銷售的是自己的成功之道，有誰比我更有資格，成為你的學習對象呢？

前言

老闆不敢賭的一五〇%年度目標，我超標達成

人往往將現況歸咎於環境因素，但我不相信造化弄人。世界上出類拔萃的人都是運籌帷幄，主動找尋自己想要的環境。要是遍尋不著，他們就創造一個。

——英國劇作家／蕭伯納（George Bernard Shaw）

事情是這樣開始的：

舞臺上的人宣布，皇冠賭場（Crown Casino）的新加坡團隊「已盡了一切努力」，但「就是無法進入總裁俱樂部（按：President's Club，一種員工激勵制度。進入總裁俱樂部，代表該職員是年度最佳表現員工）」。

而下一刻，我向公司總裁提出賭注：只要在財務結算前，我的團隊能達到一五〇%

的年度目標，就讓我們進入總裁俱樂部——否則就下臺一鞠躬，丟臉的從公司辭職。但其實，就算我們想跳槽，其他小型賭場的銷售業務也不會有我們的立足之地（按：皇冠為澳洲最大博弈與娛樂集團，其二〇二〇年至二〇二一年年度營業額約為八十七．一億澳元，換算新臺幣約為一千七百六十億元）。這代表，我們在公司的地位岌岌可危。

我的職業生涯未來，都押在皇冠賭場的總裁身上。

聽到這個賭注，總裁臉色鐵青。一五〇%的年度目標，沒有任何人達成過，我們團隊注定得捲鋪蓋走人。而對皇冠賭場來說，如果一下子失去整個新加坡銷售團隊，將會是一場災難。他手裡拿著啤酒，氣沖沖的說自己不可能接受這樣的賭注，便匆忙離開我們這一桌。

但是為時已晚。整個餐廳都是皇冠賭場的員工，每個人都見證了我的聲明。賭注成立，如果我做不到的話就慘了。唯一的問題是——

「你們兩個，」我緩緩說道，沮喪的用手摸著臉頰：「幹嘛跳進來加入我的賭注？」

新加坡銷售團隊的另外兩名成員，竟然附和我的賭注，令我大感意外，老實說這很嚇人。因為在新加坡，賭博的人很少，我們要如何達到一五〇%的預算目標？

他們交換了一個眼神。

「我認為我們可以做到。」其中一人說道。大膽的宣言懸在空氣中，證明他們的信念：他們自願跟我一起承擔風險。

現在我們只剩下一條路可走了。「我們一定可以辦到。」我說著，肩膀的緊繃轉化為堅定的意志。我一拳打在桌上，力氣不小。「讓我們一起完成目標。」

結果，我們真的做到了。

業績目標的二七〇%、近六百億美元營業額，我都做到了

接下來幾個月，是瘋狂混亂的日子。我們焦頭爛額，就像屁股著火一樣——被解僱的威脅真實存在。我們不斷在賭場舉辦各種活動和比賽，讓客戶幾乎每兩個月就來報到。無論他們是真正的賭徒，還是偶爾追求刺激的散客，總之，我們用盡方法，從勸說到談判，或是直接提出最好的條件，說服他們幫我們達到業績目標。

這過程的疲憊難以想像：日復一日、月復一月保持瘋狂的步伐，忙個不停，一心只

想吸引更多的客戶。唯有在往返新加坡和墨爾本皇冠賭場的航班上，我們才能稍微喘口氣、休息一下。不確定性和無所不在的恐懼，無情的鞭策著我們前進。

我們真的很想把總裁俱樂部的邀請函，丟在總裁臉上，這股強烈渴望化為更強的動力——我們不停的工作，好像沒有明天似的，因而達成驚人的業績。

到了年底，我們創造了歷史，**完全超越年度預算目標，達到業績目標的二七〇%，打破公司的歷史紀錄——其他銷售團隊甚至連一〇〇%達標都很困難**。在這個行業中，二七〇%是一個前所未聞的驚人數字。

躋身總裁俱樂部後，我們每個人在年底都享有全額補助的日本假期。假期結束後，總裁來找我談話。他興奮的談論著，明年我們新加坡銷售團隊，將會完全超越皇冠賭場的頭號競爭對手——星億賭場（Star Casino）。

而就在那趟旅程結束後不久，我跳槽了，選擇加入星億集團，擔任南亞高級副總裁，還帶著那兩位同事一起。命運的安排，更讓我在第二年的七月，成為北亞和南亞地區的高級執行副總裁——但我們虧損了數十億美元。忙碌了三個月後，我領導公司重新回到軌道，朝預算目標邁進。該年年度財政結算時，我的團隊幾乎打破星億集團的所有銷售紀錄。這讓星億集團成功取代我的上一家公司皇冠集團，坐上澳洲賭場銷售的衛冕者寶座，拿到夢寐以求的第一名。

我們實現了五百九十億美元（按：本書美元兌新臺幣之匯率，依臺灣銀行二〇二三年五月公告均價二十九．八一元計算，約新臺幣一兆七千億元）的最高營業額。而預算目標是三百八十億美元——我們的數字，遠遠超過既定目標兩百億美元。

我們達成絕對瘋狂且荒謬的業績。我記得，那一年我的薪水也很驚人。

我為什麼要跟你說這些？當然不是只為了吹噓，滿足我個人身為業務員膨脹的自信，而是要向你保證：我是一個經驗豐富的成功業務員——我不想謙虛的說自己沒那麼成功，那是侮辱你的智商。但現在，我想請你問問自己：剛剛讀到的內容，有令你印象深刻的見解嗎？除了強烈意識到賭場有多富有之外，你能了解這些機構的神祕運作方式，或是他們怎麼像訓練有素的獵犬嗅出利潤？

我想，你的答案可能是「沒有」。對這樣的結果，我並不感到意外。

大多數描寫賭場的出版品，充斥著浮華和誘惑，披上一層閃閃發光的神祕面紗，在大眾的強烈好奇心之下，卻隱藏了真正有價值的訊息。你可能會更想知道：「服務

ＶＩＰ的賭場業務員，究竟是如何吸引這麼多超級富豪？我要如何成為一名優秀的ＶＩＰ業務員——快告訴我，我要如何成為一名優秀的業務員？」

我想，本書能回答你大部分的問題，甚至是你完全沒想過、自己竟然不知道的事情，就像令人興奮的豪華自助餐一樣，開拓各種你未知的選擇和可能性。

第1章

我的佣金收入，都來自高端客戶

01

賣東西給有錢人，我小學就賺到第一桶金

然後，就像拙劣小說家筆下所寫的那樣，一件神奇的事情發生了。

——喬納森．史特勞（Jonathan Stroud），《古都護符的陰謀》（*The Amulet of Samarkand*）

你一定聽過類似的故事：有些傑出的企業家，天生就擁有嗅出商機的才能，就像獵犬總是能輕鬆找到獵物一樣。在你還在扮演廚師、玩培樂多黏土扮家家酒的年紀時，他們卻彷彿生來就有獨特天賦，把賺錢和累積資本當作唯一的目標。你只能驚訝的搖頭，這些人就是跟我們不一樣，他們根本是不同的人種。

而這些人都有基本的共同特徵：渴望。這點將他們與其他人區分開來，使他們與眾

不同。

根據我的經驗，**強烈的創業精神是由渴望所驅動**。當身體挨餓時，會產生一股無法控制的生物驅動力，驅使人狩獵和覓食。這是一種想要追求更多的壓倒性野心。在我的一生中，對金錢、認可、幸福的渴望，驅使我竭盡全力，以達到今日的成就。而大多數成功人士也是如此。**由憤怒、絕望和熱切渴望融合而成的強烈衝勁，是最強大的動力**。

白手起家的故事為何如此受歡迎？因為這是多數人都能產生共鳴的渴望，彷彿在向我們保證，當「結局」到來之前，我們所有人都能過上夢想中幸福快樂的日子——這在我們心中綻放出一絲希望，大膽肯定這世界是有可能發生奇蹟的。這就是本書的出書宗旨，也是我為什麼要分享個人故事的原因：這樣你就可以了解我的旅程，我的最高成就和最低潮——當你陷入低潮時，你會感覺到僅存的一線希望，轉化成努力的渴望，或許到最後，你也能找到屬於自己的幸福快樂。

當然，你會拿起這本書，可能只是想尋求具體的銷售建議。你大可跳過我的個人故事，當然，怎麼會有人在乎發生在我這個小老頭身上的事？這跟你的目的完全無關。事實上，這是一個多麼討人厭的把戲——答應會給出具體的建議來引誘你看這本書，結果卻只是為了談論我自己。

睿智的鐵血宰相俾斯麥（Otto von Bismarck）曾說過：「愚者從經驗中學習，我則寧願汲取他人經驗。」不幸的是，我曾經是個傻瓜。即便如此，對那些尋求建議的人而言，我愚蠢的經歷反倒能成為最佳教材。任何人只要願意傾聽和訴說，我都樂於分享我過去學到的教訓。請避免跟我犯下同樣的錯誤。

想大賺一筆，賣東西給有錢人最快

我的故事，得從舊衣服和餓肚子開始。我最早的記憶，是父母因為付不起電費而吵架。我的父親是修船工，而我的母親是貿易商的職員。儘管我很愛吃，但害怕加重家裡的負擔，因此我從不會開口要求更多食物。我們全家八個人擠在一間小公寓裡。

我第一次嘗到財富的滋味，來自於我的好運：我有一個「仙女教母」。這位女士來自新加坡最富有家庭之一，我成為她的教子純屬巧合，她認為是天意。當時，我父親在她的船上工作，當他分享我出生的消息時，驚訝的發現：她和我是同一天生日！於是，她立刻決定收我成為她的教子。

這個決定徹底改變我的童年。

她大手一揮，就讓我進入新加坡最負盛名的英華中學（按：英華自主中學，Anglo-Chinese School，簡稱ACS，該校有小學部，僅收男生）。這件事讓我意識到，**金錢和人際網絡的強大力量，能超越平民嚴格遵守的世俗規則和政府規定**。雖然不久後，大家都知道這是花錢得來的不公平入學手段；然而，在早期，像是我童年的時期，沒有人會去揭發這樣的黑幕。

在英華，我經歷另一種從身體深處湧出的飢渴，令我感覺十分難受。同學發現我是極少數住在組屋的三個學生之一，於是將我標記為住在「鴿子洞」的「鴿子」（按：鴿子築巢的洞很小，就像擠在組屋一樣）。

無情的嘲弄從沒停過。我覺得自己是全世界最貧窮的小孩，忍不住用羨慕的眼光看著同學，他們有司機開勞斯萊斯（Rolls-Royce）轎車載他們上學，他們捧著昂貴漫畫的雙手，還戴著勞力士錶。

我待在這所菁英學校的頭兩年，得到的不是優質的數學和英語教育，而是讓我深刻

理解，財富竟然和我作為一個人的價值有關，這真的很諷刺。如果我被排擠是因為其他原因，我會不會覺得好過一點？我在班上常常覺得很無聊，於是很自然的將注意力轉移到如何賺錢。

當時漫畫很流行，於是我找上最受歡迎的漫畫商，為他提供個人服務：幫他找客戶，而他讓我免費挑選漫畫作為報酬。儘管他沒有直接付錢給我，讓我很失望，但我的大腦已在快速思考如何利用這些免費漫畫賺錢。

我會挑選封面看起來最有趣的漫畫，然後我就……把它收起來，放在床底下的盒子裡。漫畫一本都沒拆封——因為常識告訴我，漫畫要保持原始狀態才會值錢。床底下的漫畫越來越多。我的想法是，**就像所有印刷品一樣，漫畫最終會賣完。關鍵是挑選出之後會大受歡迎的漫畫，再以高價賣給狂熱的漫畫迷。**

當時，一盤雞飯價格是九十美分，而在商店購買一本漫畫的價格，則是五到十美元不等。收藏一本熱門漫畫八個月，並等它在商店的貨品全部賣完後，我會以二十或三十美元的價格賣給想要的同學。我甚至還曾經以八十五美元的價格，賣出一本初版漫畫，而那本漫畫是我免費拿到的。

年紀再小，有錢人就是有社交雷達

在新加坡，多數人認為能進入英華小學就讀是很幸運的事，但其實，讀其他學校也沒什麼不好。

即使我們都穿著相同的制服，我的同學們還是有獨特的「雷達」。我沒什麼朋友，因為他們能感覺到誰跟他們的社會階級相同。出身富裕的同學，在等級上高人一等，對較低階級的同學下命令——而那些同學，則對更窮的同學做一樣的事情。長大後我變得叛逆，跟不良少年鬼混，原因之一就是被有錢同學排斥。我忍不住想尋找跟我頻率相近的人。

無法否認，這就是人類的天性，不分貧富。雖然沒有人教他們這麼做，但我的同學天生就是會歧視不同社會階級的人。

不過，後來我發現，如果是成年人，賺到財富的人與繼承財富的人，兩者的行為模式截然不同，而我一生都在尋找能跟這兩種人共事的方法。

之後，我開始將業務從漫畫擴展到VHS（按：家用錄影系統，約在一九七〇年代開始發展，後來則因VCD、DVD及藍光技術興起，而逐漸消失）錄影帶。為了測試這個新市場的極限，我將錄影帶的價格定為驚人的一百二十美元。把生意做大，否則就滾蛋回家，對吧？我很快就完成第一筆交易。我知道自己挖到一顆寶石。不，這比挖到寶石更棒，我找到一個需求量很大的新市場，而我是這市場裡唯一的供應商。

我投資兩臺VCR播放器，用來複製錄影帶，每臺三百美元。空白VHS錄影帶的成本是八美元──我一口氣買了五十個。我清空書包，裝滿VHS錄影帶，每個錄影帶的利潤是一百一十二美元。有時，當我花一整個下午不停複製影片時，總是會驚訝，竟然沒有人想到要這麼做！

十二歲的我覺得自己掌握了全世界，出入能搭計程車，想要的玩具都可以買，錢包裡至少有五十美元──即使按照英華的超高標準，對小學生來說這也是一大筆錢。這段經歷永遠記在我心裡，讓我發現向有錢人銷售商品是多麼有利可圖。

那是神仙教母賜予我的小學生活。我跟灰姑娘一樣，都是在某種至高力量的協助下，才能從貧窮變富裕，但我並不想強調這一點。對我來說，**真正強大的是鋼鐵般的決**

心，只要不再陷於貧窮，我願意做任何事。

為了證明這一點，我決定拒絕教母為我安排的平順道路：直升英華中學部。我選擇就讀一所不那麼菁英的社區學校，而我的父母和教母完全無法理解我這麼做的原因。

想賺錢，人脈很重要

社區學校是一個全新的世界。生平第一次，我不必刻意證明貧窮不等於自卑。我可以和同學變成好朋友，這讓我找到歸屬感。這種幸福帶來一種我從未體驗過的快樂。我外向的個性，在這裡發揚光大，而在好心情的鼓舞下，我表現強烈的熱情，感染身邊的每個人。我很快就認識整個學校的人，大家都知道我人脈很廣。

透過友誼，我找到新的賺錢途徑。我的新朋友來自街頭，他們習慣從街頭採購有趣的產品。跟他們混熟後，他們很樂意跟我分享情報，而其他朋友則是會問我能不能弄到某些商品。於是，事情變得很簡單，我只需要把點和點之間連接起來就可以了——**填補供應與需求之間的空白，就能獲得巨額的收入。**

我仍繼續銷售VHS錄影帶——而我發現其他人也在做這件事。於是，我找到一批經驗豐富的供應商，之後我就不需要自己製作，等於自動升級了自己的工作內容，變成管理商品的交易：左手買、右手賣，然後賺大錢。

後來，我以每個一百美元的價格出售錄影帶——小學生可以折扣二十美元——而它的成本，是我從朋友那裡，以每個五美元的價格購買。我的佣金就是九十五美元。我甚至可以提供客戶一系列全新的外國遊戲，不須花力氣尋找或自己製作。不必浪費時間複製錄影帶，我有更多的時間可以專心銷售。

十五歲那年，我深刻理解到外包有利可圖，也更了解提高利潤的方法：不一定要提高產品價格。有時，以更低的價格購買商品——不一定要降低品質——可能會帶來更可觀的報酬。

我的交易範圍廣泛，甚至讓我在學校獲得特殊地位。有些學生來自某些祕密社團或幫派，沒有組織的保護，他們很可能被其他團體欺負。然而，身為人脈達人，我是跟每個人都能成為朋友的中間人，每個人的生計都取決於我是否能生存下去、好好發展事業——因為我是幫助他們銷售商品的中間人。他們害怕引起其他幫派的憤怒，因此沒有一個幫派敢碰我。中學時期，我學到人脈能發揮的力量有多大。

後來，我進了新加坡理工學院（Singapore Polytechnic）的商學院，但很快就決定輟學。我認為，與其強迫自己完成學業，當企業家可以賺更多錢。退學後的第二天，我便自願提前服役。兩年期滿後，我立即投入工作。

接下來的十年，我是一名商人——從自己創業，到投資其他人。我在二十一歲前，賺到第一個一百萬美元，並在接下來的十年間經手好幾百萬美元。

如何讓鯨魚上鉤

1. 觀察他人的行為舉止，尤其是經濟狀況較好的人。注意他們的穿著方式和談話內容。
2. 向高淨值客戶銷售，和對一般人銷售的方法大致相同——傾聽、了解需求並建立關係，直到銷售的商品浮現腦海。

02

富豪多半難伺候，但回報超出你的想像

一九七〇年代，香港賭王何鴻燊曾跟我說：「在新加坡開賭場吧。」當時他已經在澳門開了賭場。我回答：「不，等我死了再說！」但是，現在世界已經變了，只需要幾小時的飛行，每個人都可以輕鬆的到賭場玩樂。

——新加坡開國總理／李光耀[1]

沒有人知道賭博真正的起源，但博弈遊戲幾乎和人類歷史一樣古老。世界各地的宗

1〈李光耀談賭場〉（MM Lee on Casino），《新加坡評論》（*The Singapore Commentator*），二〇〇四年十二月三日。

教經典中，都曾提到賭博，甚至還有在賭場祈求賭贏的祈禱文。直到《聖經》提到賭博時，已經是人類由來已久的活動。

數百年來，整個社會都瞧不起賭博行為，即使到了二十世紀初，在某些國家賭博，竟然還會吃牢飯。早在十七世紀的義大利，賭博合法化即獲得廣泛支持，當時威尼斯在狂歡節期間，允許「控制總量的賭博」。之後，賭場在整個歐洲蓬勃發展。而今日賭場提供的綜合體驗，則要歸功於一九五〇年代美國娛樂產業的盛行。[2]

如今，拉斯維加斯和澳門是世界的賭博之都，大西洋城和墨爾本等地也開設賭場，吸引超級富豪和遊客。新加坡的領導人曾大力反對賭博，然而諷刺的是，新加坡現在的地標建築正是一間酒店兼賭場——價值四十六億美元的濱海灣金沙綜合娛樂城。[3]

從過去賭徒聚集的賭窩，演變成今日的賭場，經過很長一段時間。如今，同一個屋簷下容納了電影院、音樂會場地和世界級的購物場所、頂級豪華酒店，當然還有賭博設施。在同一棟建築裡，你可以享受夜晚、欣賞表演、盡情購物、在賭場下注試手氣。

無論好壞，賭博都是人們旅行時樂於尋求的體驗，我可以寫一本書描述賭博如何改變世界，不僅為數百萬人創造就業機會，更提供數百萬人前所未有的體驗。我的客戶，原本他們都只是名單上的名字，後來卻變成很棒的客戶和要好的朋友，我必須很自豪的說，我在其中發揮了一點作用。

輸贏無法預測，正是富豪追求的刺激感

有一個古老的笑話是這麼說的：「賭場是你帶著一筆小錢離開的地方……在你帶著一大筆錢進去之後。」

這笑話一點也不好笑。有些人認為，賭場只會讓你輸錢，我想更正這樣的誤解。**財務、信用和地位的損失不是由於賭博，而是因為賭博不當**。如果賭場只會讓人們破產，不會屹立不搖這麼久——消息很快就會傳開，沒有人會再來第二次！

---

2 〈賭場度假村發展史〉（A Brief History of Casino Resorts），《*Travel with a Mate*》。

3 其核心是一家擁有兩千多間客房的酒店，屋頂設有空中花園，和著名的無邊際泳池。下面的樓層有美食餐廳、精品店、博物館、劇院和溜冰場。賭場只占總建築面積的一小部分。

打亂客戶的財務狀況，並不會使我們獲益。我們反而會盡力讓客戶不要太冒險或輸太多，甚至在他們贏了（或輸掉）一定金額後，拍拍他們的肩膀，勸他們離開賭桌。

這幾年，這樣的事我做過很多次，但是否要繼續賭下去，始終是客戶自己的決定。許多人——也包括一些超級富豪——明明已超出能力範圍了，還是選擇繼續賭，最後輸掉了一切。而對年輕人和必須維持家計的人來說，這樣的打擊尤其嚴重。

當然，遊戲的結果無法控制或預測。每一輪都跟前一輪不同；所以，不要被連勝或差點獲勝所迷惑。盡量減少損失，只在能力範圍內賭博，絕對不要借錢或挪用生活費來賭博。賭博本來就是一種機會遊戲，而不是致富或解決財務問題的方式。

別誤會我的意思。人們還是有可能在賭場贏錢，而且能贏很多。但來自政府的管控，例如新加坡賭場管制局（Casino Regulatory Authority，簡稱CRA）和全世界類似的機構，正是為了保護人們，不被貪婪和高估的風險承受度而沖昏頭。投注賠率往往不利於個人賭徒，因此有「莊家總是贏」的說法。但這就是興奮感的來源——也是超級富豪來賭場尋求的刺激感。

這個行業本身不會造成社會問題，但是過度沉迷就會。當一般人賭掉他們的生活費和積蓄時，毀掉他們的是賭場（我們無法得知每個人整體的財務狀況，或事先預測每個人的賭博習慣），還是因為他們用超出負擔的錢賭博？

我們之所以更常接觸大戶，而不是普通人的原因之一，是他們可以承擔更多風險，而不會影響到他們的生活。這並不是不公平或耍手段——只是這個世界的運作方式。

重點：就像酒駕司機濫用開車的權利，一直輸錢的賭徒也是在濫用賭場，他們沒有先決定好下注金額、可承受多少風險，以及那天賺到多少可以收手。就像父母會等到孩子們夠大時，才讓他們坐上駕駛座，我們必須協助客戶管理體驗，不讓他們在還沒準備好的情況下賭太大。

然而，有鑑於來玩吃角子老虎機、輪盤和百家樂碰運氣的人數眾多，我們根本沒辦法盯住每個人。身為行銷人員和賭場公關，我們必須對客戶的體驗負責——因此，對於只想試試手氣的普通人來說，沒有專人會像母雞一樣處處照顧他們。

到了二〇〇〇年代，有兩家外資在新加坡開設賭場，正如我所說的，政府正在設法管控賭博對社會的影響。像你我這樣的普通人去賭場時，有各種保護措施代替專人服務，包括：

- 一個單日帳戶，客戶放入當天賭博可以承擔的風險。所有賭注均從該帳戶提出，一旦輸光帳戶裡所有的錢，二十四小時內不得再進入賭場。
- 賭場禁制令，可以在自己（或家庭成員）的身分證上註記，禁止進入新加坡的任何賭場。
- 限制進入新加坡賭場的次數。
- 問題賭徒及其家人的求助熱線和諮詢。欲了解更多訊息，請參考新加坡全國預防嗜賭理事會（NCPG）網站：www. ncpg.org.sg。

（按：臺灣目前有臺北市立聯合醫院松德分院開設「博弈門診」，由精神科醫生看診，除了協助個案本身，也能與其家人一同進行家族治療。）

然而，請恕我直言，**解決嗜賭問題的最佳方法，是管好你的大腦**。賭場公關或安全措施，都無法彌補你自身缺乏的謹慎和責任感——無論是超級富豪或普通人都適用。

如果你想試試手氣，我們竭誠歡迎。記得，先撥出一筆你自認能損失的預算，絕對不要為此耗盡個人積蓄或資金。

面對有錢人，你得隨傳隨到

我會進入賭場行銷，是由於「橫向」調職，這是一個花俏的術語，用於從一個領域（或公司），轉移到另一個領域（或公司）的類似職位。然而，對多數人來說並非如此，他們進入這個領域的方式，通常是從最底層的賭場一線工作人員做起，接待和招呼客戶，滿足他們的日常需求。

在此同時，銷售和行銷團隊會觀察新進員工，找出有潛力的人——擁有足夠魅力或外表、能跟客戶建立良好關係的人，然後請他們嘗試銷售工作。除此這個方法之外，只能透過努力工作慢慢升職，這會花上更長的時間。

無論哪種方式，都意味著多年的「卑微」服務，滿足看似微不足道，甚至不合理的要求。但是請記住，一次糟糕的客戶體驗，可能導致數百萬美元的損失。不要被外表的光鮮亮麗迷惑，因為很多苦差事都是在幕後進行的——日常的料理、清潔、維護、庫存和會計都必須完成，且有非常嚴格的標準。

我知道有很多人想進入銷售這一行。我們可能會誇大好處，例如賺到的錢或慷慨的小費（如果我們能收小費的話）——但請記住，我們得到的錢大部分都來自佣金，除了滿足客戶需求，我們還必須不斷完成交易。我們的底薪沒有太大差異，但進入這一行後，工作時間卻從輪班制，變成二十四小時隨傳隨到，沒什麼時間休假。

以服務換取銷售，就是用安全和穩定換取壓力和風險。有些人（例如我自己）喜歡這種模式，但肯定不是每個人都適合。你必須隨機應變，成功與否取決於瞬間的決定，而這樣的決定每天要做一千次。稍後我會詳細說明，如何找到適合自己能力的角色。

銷售數字就像達摩克利斯之劍（按：sword of Damocles，意指隨時存在的危機）懸在我們頭上。如果你沒達到目標，老闆會要求你解釋。但是在銷售這種服務性質的工作中，只要你做對了，通常就不會有太大問題。

即使有資深業務員帶著你，也無法保證一定會成功。更糟的是，賭場銷售的新手很難獲得良好指導，因為他們的導師太忙了，不太會花時間指派任務或分享知識。對他們來說，找到新客戶是最重要的事，其次是讓現有客戶滿意，最後才是培訓新的業務員。

很少有賭場會投資在銷售培訓等課程上。而讓新手業務員負責有意義的工作和管理客戶，這種情況更是少見。我算是很幸運，我工作的賭場願意投資新人；但對多數公司來說，在這個行業中能學到多少，取決於你自己的主動性和努力。

身為一名業務，實際上就是把自己和自己的時間交給客戶。你的時間不再屬於自己，你必須隨時待命。你的家人支持嗎？

此外，**你必須聽命於客戶**。在賭場銷售這一行，客戶不是百萬富翁就是億萬富翁。**但是，你也不可能照單全收他們的要求，因此懂得如何優雅的拒絕非常重要**。

然而，如果你獲得回報，收益將非常可觀。能夠跟各產業的大人物交朋友，並向他們學習，是非常棒的事。你當然可以閱讀他們的自傳，但是如果能跟他們直接對話，你會學到更多！

當然，他們也是人，我們的友誼也讓我有幸幫助他們度過許多難關。我記得有個客戶在凌晨一點三十分打電話給我，他哭著告訴我說，他即將與妻子離婚。於是，我放下一切去香港找他、陪伴他。他很感激我這麼做，至今我們仍維持好友關係。

類似的故事總一再提醒我，我正在做的事有何意義——以及一個好的業務員必須付出的努力。

如何讓鯨魚上鉤

1. 成為業務，意味著放棄安全性和穩定性，去追求無法預測、不分晝夜的生活，這種生活當然會帶來更多風險，但也會獲得更多回報。所以不是每個人都適合這種工作。
2. 做好準備，用各種方式跟客戶建立關係——就算客戶想在奇怪的時間外出，你也必須安排好一切。

03
如果不能讓客戶掏錢，所有努力都是狗屎

看到這只錶了吧……這只錶比你的車還貴。去年我賺了九萬七千美元。你又賺了多少？看吧，朋友，這就是我的價值，而你什麼都不是。當個好人？我不在乎。做個好爸爸？去你的！回家陪小孩玩吧。想在這裡工作？先完成交易再說！

——電影《大亨遊戲》（*Glengarry Glen Ross*）

編劇大衛．馬密（David Mamet）在電影《大亨遊戲》中，對房地產辦公室的觀察既暗黑又可笑，描述業務員必須不計代價完成交易，所承受的巨大壓力。在更早的一幕中，亞歷．鮑德溫（Alec Baldwin）飾演的銷售導師更曾對他們「精神喊話」——如果粗魯用語及瘋狂咆哮也算的話。

「你不能完成交易？你什麼都辦不到。你是狗屎！」鮑德溫怒吼著，業務員嚇死了，他們被困在辦公室，而老闆卻一副事不關己的樣子。

「交易的資料太少了。」一名業務員提出抗議。

「資料太少？他媽的！沒用的是你！」鮑德溫回擊：「只要我出馬，靠你手上的資料，今晚我就能賺到一萬五千美元！就是今晚！只要兩小時！」

鮑德溫的臺詞在業界流傳許久，因為我們不得不同意這樣的指責。雖然態度粗魯，但他的說法完全正確。

無論銷售的是房地產、汽車、保險，還是賭場之旅，完成交易是我們唯一的目標。優秀業務員完成交易的次數，就是比普通業務員更多。

快速完成交易不出錯。我們所接受的一切訓練——發掘商機、師徒制和相關培訓——都是為了快速完成更多交易。正如鮑德溫所說：「生命中只有這件事是重要的！讓客戶在虛線處簽名！」

大部分的收入，來自少數客戶

我們都參加過這樣的會議：潛在客戶跟你爭論細節、拖延時間，最後甚至完全退出，原本能成功的交易，因為一些小事而功虧一簣，讓人逐漸感到氣餒、心灰意冷——許多優秀的行銷人員都有過類似經驗，無論合作對象是超級富豪或一般人都一樣。

我所認同的銷售理念簡單明瞭。客戶是業務的最終目標，所以我們只跟最有可能給我們生意的人來往，並決定在他們身上花費多少時間、精力和金錢。最終，你的客戶離不開柏拉圖法則（按：Pareto Principle，又稱為八〇／二〇法則，意指八〇％的結果由二〇％的因素決定）——**大部分的收入，來自少數客戶。會跟你建立深入關係的人只占少數，但你必須花費大量時間和精力，才能找到這些客戶**。就像礦工測試黃金蘊藏量，在跟每位客戶發展關係時，你必須隨時評估。

本書不只提供銷售技巧，也提出有計畫的方法，告訴你在交易開始、過程和結束時該怎麼做。無論在哪種商業領域，都必須先提出計畫、分析優缺點以及風險評估，才能開拓新商機。但在這過程中，並不包含許願、盼望或拖延。因此，你該設定明確目標，設定戰略性計畫後，採取行動。

最終目標是完成交易。但中間包含許多階段——最初的轉介、第一次會面和後續追蹤。在交易完成前，每個階段都代表銷售關係必須達到的里程碑。

問題在於，我們跟客戶的目標是相互衝突的。業務員的目標是引起客戶對產品的興趣、提供清楚有力的介紹、討論細節後完成交易。然而，潛在客戶的想法卻完全不同——客戶想確保在他簽名同意之前，能得到一筆最好的交易。如果業務員沒有值得購買的東西，潛在客戶只希望他永遠消失在眼前。

不相信我的說法嗎？你可以想想看，在轉運站或商場、百貨公司等地方常看到的街頭行銷，會有工作人員試圖讓你停下腳步，向你推銷信用卡、保險。如果你覺得不需要，是不是總巴不得加快腳步離開現場！

銷售過程就像跳舞，你要讓客戶願意再跟公司跳下一支舞

「資料太少？他媽的！沒用的是你！」鮑德溫的態度雖然粗魯，但確實有效，他提

出一個偉大的真理：**沒有糟糕的潛在客戶，只有糟糕的業務員。**

在潛在客戶成為真正的客戶之前，優秀的業務員必須確定對方想要什麼、為什麼想要，以及最能滿足他需求的方法。的確，我們無法接觸到每個潛在客戶，但優秀的業務員會盡最大努力，再三確認。

銷售過程就像跳舞。但你不是那個跳舞的人——你是大師、編舞者。舞伴是你的公司和客戶。你的角色是安排好一切，將他們介紹給彼此，讓他們在舞蹈過程中學習舞步……而且，讓雙方都希望再繼續跳下一支舞。

銷售過程的成功與否，取決於三個決定性因素：

- 態度：你是否願意不斷認識新朋友、學習新知，並在你和公司的能力範圍內，盡可能為客戶提供最佳體驗？
- 行為：你是否表現出熱情、積極態度，讓客戶留下深刻印象，並對你的產品充滿信心和了解？
- 技巧：你是否有良好的溝通和計畫，能採取正確的方法面對潛在客戶，最後完成交易？

經過多年來的調整，我認為銷售策略應建立在下列基礎上：

- 讓客戶成為常客，而不是只交易一次。銷售過程涉及從公司執行長，到現場服務人員的每個人，無一例外。對我們這個小部門而言，團隊合作非常重要，對公司整體而言更是如此。
- 建立銷售團隊，讓每個人根據個性、人格特質和溝通風格發揮所長。員工分為兩種——狩獵者和管理者。兩者都很重要，銷售團隊缺少其一，都將無法運作。積極主動、個性外向的人，是優秀的狩獵者；而具有管理天賦、注重細節的人，則是團隊必需的管理者。重點在於，團隊成員扮演的角色，必須符合自己的個性，而且每個人都明白（並滿意）這一點。
- 吸引客戶沒有祕訣。無論客戶想要什麼，都能運用結構、系統化的方法，大幅增加拿下生意的機會。銷售成功靠的不是天賦，而是透過策略和努力來達成目標。賭場銷售完成交易的過程，只是將這個驗證過的原則，進行全新的應用。

- 客戶是人，跟你我一樣，有想達成的目標和需求。不要把客戶當成會走路、會說話的銀行帳戶，把他們當朋友，但還是要謹慎應對。友誼可能讓做生意更容易，但生意始終是生意。達成的交易應該對雙方都有利，而不是偏向任何一方。
- 滿足客戶的需求，但要清楚掌握公司現有的資源。在不撕破臉的情況下，能優雅的說不，並跟客戶繼續維持友誼。此外，不要給客戶超越你權責的承諾。

我的結論是：把客戶當人、當朋友對待，了解客戶的需求。運用你的個性、資源和專長，以你擅長的方式提供服務，並在過程中表達你對他的關心。**業務及行銷人員的角色，不是說服客戶交出現金，而是與客戶一起創造好的體驗，讓他們甘心一次又一次的掏出錢來。**

我將在後續章節中，詳細介紹這些重點。請記住，這些建議不是每個人都適用。這是困難且具挑戰性的工作，需要長時間才能學到所需的技能和經驗——而真正的回報，得花上更長的時間。在那之前，你必須不斷成長、學習，並享受過程中獲得的小成果。

如果你還是想成為業務員，恭喜！現在的你比新手更進入狀況，很快就能找到第一位大客戶。

讓我們開始吧。

如何讓鯨魚上鉤

1. 銷售的目標是快速達成交易。
2. 銷售是團隊努力的成果，需要良好的合作和戰略。你所做的一切，都應該是整體計畫的一部分。
3. 善用公司資源，跟客戶密切合作，創造出客戶喜歡的體驗。
4. 找到適合自己個性的角色，以自己擅長的方法，跟客戶建立良好關係。
5. 打持久戰，不斷學習、成長。不要氣餒——花時間累積經驗，完成交易的過程會越來越容易。

第2章

跟瘋狂富豪打交道，我超有一套

04

瘋狂不分貧富，偏偏有錢人特別明顯

你應該不停的換賭場，而不是只跟某一個賭場的公關打交道——除非，那個公關是我。

——拉斯維加斯賭場超級公關／史帝夫・賽爾（Steve Cyr）[4]

我曾經認識一位非常有能力的賭場管理員，他在我們墨爾本的賭場工作了二十年。

4　引自麥可・卡普蘭（Michael Kaplan）撰文〈那個賺很大的男人自白〉（Confessions of the Man Who Wins Big When You Lose it all），刊登在Thrillist網站，二〇一五年八月六日，詳見：https://www.thrillist.com/entertainment/nation/confessions-of-the-man-who-wins-big-when-you-lose-it-all-in-vegas。

他非常了解客戶，能提供完善服務給客戶。只要有他在，迎賓、入住、餐飲的種種細節，都安排得無微不至，讓客戶能盡情享受假期。就算遇上客戶罕見的抱怨，他也能馬上收拾善後。

於是，他得到升遷的機會。他欣然接受，來到新加坡負責管理營運。不幸的是，他無法達到銷售目標。八個月後，銷售額下降，員工士氣低落，他被掃地出門。因為他沒有意識到，新工作需要他主動尋找新客戶，開發新的業務，而不只是被動做出反應。

這個人曾經是我們的內部人士，也是他所在領域的專業人士，卻無法順利轉換工作。他的離開，幫我們上了一課：**無論從業經驗有多豐富，都無法克服工作與個性不合的問題！**

有些人的個性就像匹野馬，充滿渴望和潛力。如果他們夠聰明，能找到對的客戶，馬上就能展現能力，跟客戶建立連結，並讓客戶贊同他們的觀點。如果他們能夠跟團隊合作並聽從指令，那就更好了。

事實上，我對這類人的評價高於他們的學歷——雖然我團隊中的多數人，都擁有大學學位，但如果有人表現出渴望，且有能力，即使他沒有大學學歷，有時我也會破例錄取。畢竟，**當我在這一行剛起步時，連大學都沒畢業！**

簡單來說，**賭場銷售團隊分為狩獵者和管理者**。每個部落都需要狩獵者到野外去設置陷阱，並帶回獵物；另外還有一個我稱之為「管理者」的團隊，負責確保獵物經過適當烹飪、製作和分配，讓整個部落都能飽餐一頓。

兩者同等重要。團隊中，需要像我這樣的狩獵者，能增加銷售額、說服客戶加入我們；同時也需要管理者，確保保險文件、紀錄、檢查和行政工作能妥善完成——並讓客戶繼續留下來。[5] 基本上，在賭場銷售中，狩獵者必須找到新客戶並維持關係，而管理者必須確保他們會一直是我們的客戶。

5 傑米．佛提爾（Jamie Fortier），〈選擇狩獵者或管理者：招募人才的終極選擇〉（Picking a Hunter or Gatherer: The Ultimate Hiring Decision），《*McHenry Consulting*》，二〇一三年一月三日。

問題隨時會發生，你得從容應對

你可能聽過這個寓言：一位有才華的年輕小提琴家，夢想能在世界各大音樂廳演奏。有一天，他有機會在一位大師面前演奏，表演完後，大師卻只是淡淡的說：「你的演奏缺少熱情。」就走掉了。

沮喪的小提琴家停止練習，再也沒有碰過樂器。許多年過去，某天，他再次遇到這位大師。

「你讓我放棄了夢想。」他說，重提往事時，痛苦和憤怒再度湧上心頭：「我需要的只是一點鼓勵——但你卻毀了我的信心！」

「我跟每個人都這樣說。」大師說：「而他們接下來會怎麼做，才是證明我的話正確與否的關鍵。」

就像這位大師，我們都在尋找有熱情的人。真正擁有熱情的人會勇於表現——無論是在面試時，或是接下來跟客戶見面時。

熱情無法假裝，也不該隱藏，就算想隱藏也會失敗。你必須展現你的熱情。

想跟我或其他團隊負責人進行面試，有兩種方法：寫一份我無法放下的精彩履歷，或是透過我認識的人推薦。身為一個忙碌的經理人，我認為推薦意味著候選人已經過預先審查。我不可能看寄來的每一份履歷，因此，我依賴信任的朋友推薦可能人選。

但我不只審查推薦人選——我也審查推薦人。如果介紹給我的面試者表現不佳，不只是他自身的問題，也有損我對推薦人的信任！

而關於面試時的態度，以下是我的建議：

1. 柔道式對話（Conversational judo）

在招募團隊成員時，我是這樣進行面試的：比例上大概是五個隨意問題，搭配一個嚴肅問題，對話在各種主題間不停轉換。

「你今天過得如何？」我可能會先簡單寒暄。「你今天的穿搭很不錯。」在輕鬆的玩笑之後，接著提出嚴肅的問題：「你如何看待賭場的政治監管？」

之後，我會再轉換心情。「你的鞋子不錯。有特別擦亮它嗎？」我會重複這個過程，**觀察面試者是否能隨機應變，同時還能保持自信和專注**。

2. 十足的渴望和決心

如何知道與你交談的人充滿熱情，有堅持到底的決心？當他們雙眼閃閃發光，說話時展現自信、有備而來時；當他們的談話內容有深度，他們的信念堅定時；當他們有先做功課、蒐集資訊時，自然會表現出熱情。

熱情就是知道自己所為何來，並做好相關準備。在面試官面前展現熱情，這對你的面試結果大有幫助。

3. 獨立解決問題的能力

我想知道你如何處理棘手的銷售或現場狀況。

儘管每個人都盡了最大的努力，意外還是可能發生。我曾遇過一位客戶，在氣頭上竟把盤子往他妻子臉上砸！力道之大，讓她當場嚇傻。

一時之間，所有人都嚇到動彈不得。賭桌上有個三十萬美元的現場投注，但是，沒有人在乎——我們都在觀察客戶接下來的動作。沒有人想成為下一個被飛來菸灰缸擊中的人！

為什麼要提這個事件？因為我想知道應徵者的優先順序和思考過程。你會先接近客戶、照顧他的妻子，還是像沒事發生一樣，重新開始賭局？

畢竟，這關係到每個人的自尊，你會如何以流暢、專業的方式處理這件事？忽視客戶的脫序舉動，表示你可以容忍這樣的行為，但呼叫警衛又會破壞其他人的心情。

以我而言，我的解決方式是處理和降溫。我會立即掌握現場狀況，派人照顧客戶的妻子，同時安撫客戶。花多久時間都沒關係。等到事情全都解決了，再開始另一場賭局也不遲。

然而，不是所有情況都牽涉到暴力。比方說，你要如何接近輸個精光、想自殺的客戶？如果顧客氣急敗壞的不停咒罵「去你的」，因為服務生灑了他的飲料、他想要的房間沒了，或只因為他運氣不好，你會怎麼做？如果他放在酒店房間的重要物品不見了，怎麼辦？**什麼事情都可能發生，你必須從容應對**。

我並不想在面試時表現得很無禮或冒犯對方，但其他面試官可能會故意激怒你，藉此觀察你的反應。

輸了就抓狂，兩個原則處理這種人

很不幸，對賭博的狂熱有時會引發人們性格中最糟的一面——這點不分貧富。舉個例子，有位客戶只要一賭輸就會抓狂，並把菸灰缸丟向發牌員。只要看到他來賭場，那位發牌員就會躲起來，直到有天換了新的發牌員，而他並不知道這件事。偏偏那天，客戶瞄準目標特別準。

菸灰缸擊中了可憐的發牌員，在他臉上劃開一道傷口，鮮血從傷口不斷湧出，我們立刻進行緊急處理。發牌員氣到想提出告訴。後來，我們幫他們進行調解，透過談判達成和解。客戶支付給發牌員一筆不公開的金額，此事才得以解決。

有時候，憤怒的客戶會破壞賭場資產。比方說，有個人連輸三手時，會氣得把撲克牌當場撕碎，然後把籌碼和飲料全部掃到地上。而我們會默默撿起紙片黏回去，收拾籌碼並清理碎玻璃。

二十分鐘後，客戶終於冷靜下來。我們會從損壞的撲克牌上讀取分數並更換牌組，再繼續進行賭局，就像沒事發生一樣。

當你在處理類似事件時，請牢記以下兩個原則：

1. **設備可以更換，關係無法取代**。如果可以平息或容忍不良行為，請以建設性、不引起爭端的方式進行。

2. **把你的自尊放在一邊，迅速緩和衝突為優先**。就算客戶真的錯了，在其他人面前跟他爭論也沒有用。

與有錢人建立友誼，沒有要不要，而是必須做到

對我來說，**三個狩獵者搭配一個管理者的比例是最理想的**。兩者的職責不同，需要完全不同類型的人，而我很少遇到能夠同時擔任這兩種角色的人。我尊重那些對自己足夠了解，並選擇待在正確位置上的人，即使這意味著拒絕致富的機會。

在我了解這兩種角色的區別前，我曾邀請一位有前途的新人加入我的銷售團隊。他在客戶服務方面表現傑出，而我需要一個新的業務員，這個人必須同時能夠處理行政事

務，例如提交報告等。

「你要不要加入我的團隊？」我問他。

「不，馬庫斯（Marcus，作者名）。恕我拒絕。」

我簡直不敢相信自己的耳朵。「為什麼？我是在給你機會！」

他堅持立場。「我不喝酒、不抽菸，也不喜歡和別人說話。我個性內向，比較適合待在辦公室。」

於是我不再勉強他，至今他仍然是管理者。我最近一次聽說他的消息時，他把自己的工作做得非常好——規畫賭場內部格局，確定賭桌、吃角子老虎機和所有東西的位置。從他的例子能清楚說明，**你必須了解自己的優勢，這是最重要的。**

最好的管理者是冷靜、近乎冷血的專家，隨時都能保持鎮定並執行計畫。而另一方面，狩獵者是萬事通，思維敏捷、積極進取，精明且足智多謀。舉例來說，如果新客戶只給你五分鐘的時間推銷，你該怎麼做？你必須當場思考，如何在幾秒鐘內吸引他、釣他上鉤。

或者，假設你帶客戶去一家夜店，喝完酒後——當然，這些都記在公司帳上——

你是否還能保持清醒？你還記得你們是客戶與業務的關係嗎？當客戶跟你說：「可以幫我安排私人飛機嗎？我想要先借五十萬美元賭金，食物和飲料就免費送我吧！」這時，你還能代表公司談判嗎？這些支出都是公司的錢，而你的主管必須確保客戶對公司的貢獻，會超過這些花費。

行銷人員可能在極短的時間內，獲得或損失大筆金錢，因此，**情商**（Emotional Intelligence Quotient，情緒商數，簡稱EQ或EI）**對於狩獵者來說，不只是工作中最重要的部分，而是它就是工作**。你必須徹底了解自己的情緒狀態和個性，同時掌握客戶的需求、情緒和語言，才能在幾秒鐘內回應，並讓客戶接受你提出的建議。在高壓的情況下，必須立即、本能的做出最好反應。這不是大腦該如何思考的問題，而是必須依靠本能。

我會把重點放在狩獵者，因為我自己就是其中一員，但管理者也能從我分享的內容中受益。無論是在這個行業或其他行業，**與客戶建立密切友誼，並非要不要的問題，而是必須做到**。

如何讓鯨魚上鉤

1. 銷售團隊分為狩獵者和管理者，兩者需要不同性格類型的人，你必須知道自己屬於哪一種。
2. 意外隨時可能發生。我們會在面試中模擬各種情況，你應該先做好準備，知道該如何處理。記住，迅速緩和衝突，客戶永遠比財產重要。
3. 業務員必須積極維護和客戶的關係，才能建立密切的友誼，並獲得客戶的信任。
4. 牢記公司的要求，對客戶提出承諾時務必謹慎。這不是大腦該如何思考的問題，而是必須依靠本能。

05

如果你不誠實，這些人會用最快速度遠離你

如果我們如此自私，無法分享一丁點幸福感；或是如果無法從他人身上得到回報，就不表達真誠的感激——如果我們的心靈比野山楂還小，我們將遭遇應得的失敗。

——美國人際關係學大師／戴爾．卡內基（Dale Carnegie），《如何享受生活和工作》（*How to Enjoy Your Life and Your Job*）[6]

溝通和人際關係大師戴爾．卡內基，曾經每年都預訂同一間紐約酒店的宴會廳，舉

6 戴爾．卡內基，《如何享受生活和工作》，口袋書店（Pocket Books）出版，一九八六年版，第一一二頁。

辦一系列講座。然而，某次他已邀請賓客，門票也都印完之後，酒店管理層卻投下一枚震撼彈。

經理寫了一封信給他，要求三倍的租金。想當然，卡內基並不想支付增加的費用，他的客戶也不想。但如果只是說他不想付錢，對事情毫無幫助。於是，卡內基跑去找經理，甚至表示他同意對方的想法！他說：「如果我是你，可能也會寫一封類似的信。」

接著，卡內基拿出一張紙，在上面畫了兩欄：優點欄和缺點欄，先是指出租金加價、取消講座對酒店的好處——比起舉辦講座，酒店舉辦舞會和會議的收入更多。如果卡內基改在其他地方舉辦講座，短期內似乎對酒店更有利。

但這麼做，會對酒店帶來兩個壞處。首先，原先酒店從卡內基講座獲得的固定收入將歸零；其次：

這些講座吸引大批受過教育和有文化的人來到酒店。對酒店來說，是絕佳的廣告機會，不是嗎？事實上，就算你花五千美元在報紙上打廣告，效果也比不上我透過講座吸引那麼多人來酒店。這對酒店來說不是更有價值嗎？

完整表達訴求後，卡內基便把那張紙（以及最終決定權）留給經理。第二天，他得知租金只漲了五〇%，而不是三〇〇%。[7]

從客戶的角度銷售，向他展示優點，而不是從自己的觀點出發。別把自己當成公司代表，而是經常把自己想像成客戶的好朋友，了解客戶的需求，提出更多更好的建議，幫助客戶度過美好時光。

別再相信「客戶永遠是對的」

不要再相信「客戶永遠是對的」這句陳腔濫調。這句話雖然出於好意，整體來說卻是弊大於利。

當上層對這句話的過度解讀是：「同意客戶所有要求，無論要求多麼荒謬、沒有根

7 同注釋6。

據或不合理。」結果呢？員工就會發現，無論客戶的投訴或辱罵多麼無理，經理總是會馬上站在客戶的立場來責備員工。

當然，這個迷思的確有部分屬實，才會如此具有殺傷力。企業存在的目的，確實是為了服務客戶，畢竟，**客戶體驗是公司能否繼續生存的重要關鍵**。我們當然希望客戶玩得開心，希望能滿足客戶委託給我們的任何需求，並把它做到最好。

然而，正因為如此，我們更不能答應客戶的所有要求，而是應該換個方式說：「我覺得這樣做更好——要不要試試看？」只有在非常罕見（且令人遺憾）的情況下，我們才會跟客戶分道揚鑣，但即便如此，還是要盡量跟客戶維持朋友關係。

簡單來說，我們希望客戶想要我們銷售的產品。這是蘋果（Apple）向世界展示iPhone的方式——史帝夫．賈伯斯（Steve Jobs）創造新的需求，並說服世界：你們是真的有這個需求，必須滿足它。

一般來說，吸引新客戶比留住現有客戶要困難得多。儘管客戶可能多少有不愉快的經驗，但透過耐心、誠意和表現出真正的關心，贏得客戶的好感，能讓客戶決定留下來並繼續信任我。而如果我沒有做到這一點，不僅會讓公司損失數百萬美元，也會讓四十位頂級客戶白白浪費對我的信任。這就是「關係」概念的核心——相互尊重和信任。

無論我們提供的是計程車還是私人飛機、速食或米其林星級餐廳、白開水或香檳，這個原則都適用。**有錢人的要求通常都很精準，沒時間跟你爭論——他們一旦不滿意，會很乾脆的把生意轉移到別處**。然而，一旦你獲得他們的信任，他們會幫助你解決所有可能遇到的問題或困難。

第一步，是了解他們想要什麼。投資理財大師拉米特・塞提（按：Ramit Sethi，印度裔美籍創業家、《紐約時報》暢銷作家）將這一點應用在約會上：

一位女性朋友迷上我的朋友，一個大名鼎鼎的頂尖人物。她對他似乎不喜歡自己感到迷惘，於是來徵求我的意見。我只說了一句話：「妳想想看，像他這樣的男人，會喜歡怎樣的女人？」

結果，她的回答就像廢話：「自信、聰明之類的吧。」

我說：「先暫停。這位男士又高又帥，地位也高，有許多女性圍繞著他。他當然希望女性自信、聰明——這只是最基本的。還有什麼？」

她被難倒了——承認她從來沒想過他想要什麼——因為在她內心深處、在她的一生中，她一直是男人追求的對象。[8]

你有能力又專業——但這只是接近超級富豪的基本條件。現在，真正推銷自己的工作才剛要開始。

每天，我們都必須決定如何分配時間和注意力；而超級富豪必須以十倍的壓力處理這個問題——他們必須篩選來自家人、股東、媒體和其他數不清的要求。沒有祕書的許可，你想見超級富豪一面都不可能。

在本章中，我將示範如何在超級富豪身上，運用以客為尊的行銷原則，以及如何得到會面的機會，前提是他們真心想見到你。在示範之前，我建議你先花點時間了解自己，以及一旦有了會面機會後該如何進行。

雖然跟「客戶永遠是對的」相比，這句話也不是創新的說法，但請容我換句話說：「**客戶體驗優先**。」這表示我們非常尊重客戶意見，我們的目標是利用可提供的資源和技能，盡量滿足他們的要求，無論是他們已說出口的，或放在心裡的需求。

善用情商技巧——研究他們過去的言行舉止，了解他們內心的想法，並以忠於自己且符合客戶個性的建設性方式回應。這會影響整場對話，以及客戶提出的問題和顧慮。

超級富豪真正想要什麼？

> 有沒有一個地方，可以讓我暢談遇到的問題，而不會有人對我說：「你已經有很多錢了，幹嘛還一直抱怨」呢？我確實有很多錢，但我還是會遇到問題。當然，我遇到的是上流社會的問題，但問題就是問題。
>
> ——高淨值客戶的財富管理顧問／萊斯利·奎克三世（Leslie Quick III）[9]

8 拉米特·塞提，〈殘酷誠實的力量〉（*The Power of Brutal Honesty*），刊登在I Will Teach You to Be Rich網站，詳見：https://www.iwillteachyoutoberich.com/blog/brutal-honesty/。

9 引自保羅·沙利文（Paul Sullivan），《細綠線：超級富豪的財富祕密》（*The Thin Green Line: Money Secrets of the Super Wealthy*）序言，西蒙與舒斯特（Simon & Schuster）出版，二〇一五年。

理財專欄作家保羅・沙利文在《細綠線》一書中，提到他與投資集團 Tiger 21 的會面。這是每月舉行一次的會議，與會者都是身價至少一千萬美元的高淨值商業領袖，而他們每年必須支付三萬美元會費才能參與這場會議。他們每月見面一次，討論投資——儘管沙利文後來透露，這與其說是討論，不如說是一場殘酷且誠實的廝殺。

書中一開始他提到，四位富商爭論的，不是股票內線消息或財經問題，而是他們的出身。他寫道：「我聽著這四個身價數千萬美元的人，在爭論誰的童年最貧窮。」[10] 這個國家最富有的人，竟然為此爭吵！

一般來說，**大多數超級富豪都有白手起家的故事——也就是說，他們現在擁有的財富都是自己賺來的**。他們冒著極大風險，才有今日的成就，而且至今仍掌控著數十億美元的進出。

但是，日子一天天過，這些大老闆很無聊。一覺醒來，他們就比前一晚多賺一百萬美元。他們的生活失去不確定性，不再擔心冒險可能不會成功，也不再擔心如果搞砸一切，要在心裡演練該如何跟股東報告。

「我想要冒險，我想要刺激的感覺。」這是他們內心的想法，也是他們來賭場的

原因。他們想要新的風險，想要征服新挑戰。他們就像不斷攀登一座又一座高山的登山者。如果在賭場玩到破產能獲得刺激感，他們會很樂意一試。

我這些話一點也不誇張。有次，我在賭桌上遇到一位大客戶，跟他聊起來。「X先生，你玩得開心嗎？你下的賭注不大。」我問他。我知道他的淨資產，他願意的話，其實可以下更多賭注。

「馬庫斯，我時時刻刻都在跟市場對作。為什麼我要承擔更大的風險？」

我笑了。「X先生，你最多可以下注五十萬美元。這點錢對你來說是小意思。」

但他並不是想贏一筆大的——他只是在尋找樂趣。「我可以支配市場，」他說，然後指了指桌子：「但我不能決定這場血腥的遊戲，這才是有趣的地方。」

這番話激起我的好奇心。「因為你無法控制，所以才喜歡賭博？」

「利潤不重要。P&L（按：Profit and Loss Statement，損益表，是公司業績指標，

10 同注釋9。

必須對投資者提出報告）也無關緊要。如果我想讓一支股票上漲，它就會上漲。如果我想要它下跌，它就他媽的跌到谷底。但是這該死的遊戲……我沒辦法控制它。它讓我心慌意亂，因此才有樂趣。」

於是，我讓他享受這樣的樂趣。等哪天他想下更大的賭注時，我就會出現。

客戶經營著偉大的事業，他們在冒險、努力工作和關心財務中成長。他們在你身上看到自己的影子，因此樂於跟你建立關係，並盡可能提供支持。他們了解你正在經歷的過程，並欣賞你正在做的事情——因此，他們可能會忽略你犯的某些錯誤，並給你機會為他們做更多事。

但不要認為這是理所當然。**如果他們感覺到不對勁，並認為你不誠實，他們會用最快的速度遠離你**；他們很有腦袋、很聰明，很早就會發現欺騙的徵兆。

而**另一群超級富豪，則是繼承財富。他們一出生就享有特權，因此風險意識沒那麼強烈**。根據他們各自成長背景不同，他們對賭博抱持不同的態度——**但共同點是他們都想享受人生**。我有位年輕客戶曾在兩天內花掉五千萬美元，卻完全不在乎！

對於這些繼承財富的超級富豪，跟他們交朋友後，我不會只勸他們去賭博。我會在

四、五天內，安排許多娛樂活動、博弈遊戲，和能讓他們快樂的體驗。

就算他們不跟你買，也會介紹別人給你

另外，還有一群超級富豪，永遠不會拿財富冒險。他們追蹤每一分錢的去處，原則上他們不賭博。就算他們真的來賭場玩，也只會賭點小錢。

我們發現這一點後，就不太會把希望放在他們身上，但我們仍保持聯繫，並維持朋友關係，因為他們可能會推薦朋友給我，或提供消息來源。

我相信，花在尋找客戶和建立關係上的時間，永遠不會浪費。

別乾等，客戶不會從天上掉下來

有些客戶來找你就是想賭博，而他們也玩得很開心；另外，有些客戶，則是希望更了解你，才能信任你管理他們在賭場的體驗。

請記住：花在尋找客戶上的時間永遠不會浪費。即使潛在客戶從來沒有賭博過，甚至不曾踏進賭場一步，也沒有理由不跟他交朋友。他可能有足夠的好奇心，願意親自嘗試一下；或者，他能介紹認識的朋友和同事給你。

許多超級富豪都有看門人，想要見他們一面，必須先通過祕書和保全這一關——但如果是認識的人，向他們推薦你的服務，這些步驟都會省略。有哪個頭腦清楚的人，會讓朋友先通過祕書和保全檢查再見面？

無論哪種方式，**不要只是等待客戶從天上掉下來**。積極主動參加和安排活動，這樣做，超級富豪就會來找你。而在大型賭場裡工作的好處之一，是公司經常會這樣安排活動。如果你能想出有創意的提案，提供建議和協助舉辦活動，是很有幫助的！

例如，我是個愛錶的人，所以我喜歡安排名錶相關活動。我還辦過一個西裝訂製活動，並邀請義大利男裝西服某大品牌的裁縫大師，有許多客戶是為了獲得量身訂做的新西裝而來。這是一個絕佳的機會，不僅可以認識新的潛在客戶，而且可以提供他們想要和珍惜的東西，讓他們留下良好的第一印象。

透過非正式會面打破僵局，為以後更深入的談話打開大門。你可以把這個過程想像成一個漏斗。在這樣的活動中，你可能會遇到五十位新的潛在客戶。其中，也許有十個人有資格讓你花更多的時間和精力去了解他們。在這十個人中，有一、兩個人已經準備好成為你的長期客戶！而其他人可能需要你更多的說服，才能成為你的客戶；或他們願意為你提供更多潛在客戶。

因此，**第一步就是製造認識客戶的機會，思考他們的需求，公司也能在這方面提供協助。下一步是將他們當成朋友深入了解，研究他們的生意、前景和個性，過程中同時衡量他們是否能成為你和團隊的潛在客戶。最後向他們推銷，你覺得他們自己和家人需要的體驗。**

基本上，這類活動是建立聯繫和認識客戶的最佳機會，比起打電話或寄電子郵件更有效果。難得超級富豪就在你的地盤上，沒有祕書或員工圍繞，你為什麼不把握機會打聲招呼？

不想被登上新聞的事，千萬不要做

讓公司賠錢，哪怕是很多錢，我都會諒解；但丟了公司的名譽，哪怕是一絲名譽，我都會毫不留情。

——股神／華倫．巴菲特（Warren Buffett）[11]

簡短版本：永遠不要跟客戶上床。這不值得。

一般版本：許多行銷人員在跟客戶上床後都後悔不已，每個牽涉在內的人都不好過。無論我們是否有意識，性別動力（按：gender dynamics，指兩性之間的關係和互動）都存在。保持界線，因為這是生意，每個人都應該保持專業距離。成為朋友和知己很好，甚至值得鼓勵，但也該有限制。

跟客戶上床不會有好下場。你會成為每個人的八卦話題，最終，消息會傳出去。相信我，你不會想陷入那種處境，你很快就會出現在報紙上，對公司和自己的聲譽都造成永久損害。

一般來說，由於異性間某種程度的相互吸引，互動和破冰會更容易。但易於突破的同時，更需要劃清界線。

而另一方面，同性的互動中，最初往往較難打破僵局。人某種程度上，都會跟同性別的成員競爭，起初很容易引起摩擦。但是，一旦你們以朋友和專業人士的身分相處融洽，就會更加尊重彼此的界線。

華倫・巴菲特是世界上最富有的人之一，他的建議我們應該聽一下：「如果你不希望自己做的事成為記者報導的頭條，一開始就不要做。」[12]

---

11 勞倫斯・克寧漢（Lawrence A Cunningham），〈華倫・巴菲特的經營哲學〉（The Philosophy of Warren E. Buffett），《紐約時報》（*The New York Times*），二〇一五年五月一日，詳見：https://www.nytimes.com/2015/05/02/business/dealbook/the-philosophy-of-warren-e-buffett.html。

12 同注釋11。

要成為解決問題的人

曾有位客戶緊張的打電話給我：「馬庫斯，我太太的手錶壞了。你知道誰能修嗎？」**我在億萬富翁的圈子裡被稱為「萬事通」，每個人都知道有問題找我就對了。**客戶和好友都知道我熱愛名錶，我了解所有品牌，熱愛佩戴、投資和閱讀名錶資訊，並時時關注市場。因此，當他需要修理太太的手錶時，自然會想到我。而我只要派司機拿回手錶，就能解決他的問題。

客戶當然還有其他認識的人可以提供協助。然而，正是因為我們之間建立的關係，和我在他心中留下的好印象，才讓我能接到這通電話。由於我和他一起共度的時光，以及我在他心中建立的信任，他相信我可以立即解決這個問題。

這就是跟客戶進行良好對話的好處。我們的關係建立在相互信任和尊重的基礎上。現在，我的客戶知道不要時時打擾我，因為在我們相互了解之後，我會劃清界線；他們也逐漸了解，我需要時間才能為他們提供適當的服務。

換句話說，我先忍受一些小麻煩，以免以後有更多的麻煩。

房地產經紀人雪莉·沈（Shirley Seng）的看法跟我相同，她曾因出售豪華公寓，賺取一百五十萬美元佣金而上新聞。以下是《海峽時報》（*The Straits Times*）的介紹：

提到跟有錢客戶打交道有何訣竅，沈女士建議：「速度非常重要。我會在一到兩個小時內回覆他們。我想讓他們知道，我把他們視為優先。」

沈女士開著一輛三年的白色奧迪 A4（Audi A4）在城裡穿梭。她說她為客戶付出許多努力，包括開車接送他們，把他們送到想去的地方。有時，她還幫他們跑腿。

「現在這個時代很難做，不像十年或二十年前。現在的業務員，必須為客戶付出更多，而且必須用心去做，這樣他們才能感受到你的誠意。」她說。[13]

---

13 喬伊絲·林（Joyce Lim），〈一夜致富：二十六歲的房地產業務出售豪華頂層公寓，豪賺一百五十萬美元佣金〉（Overnight millionaire: Record penthouse deal nets 26-year-old property agent $1.5m），《海峽時報》，二〇一五年五月二十九日，詳見：https://www.straitstimes.com/singapore/overnight-millionaire-record-penthouse-deal-nets-26-year-old-property-agent-15。

美食，幫你打開話題

你是誰、你喜歡什麼，跟你腦中掌握的知識一樣重要，這是我喜歡賭場行銷業務的原因之一。每段友誼和商業交易都是不同的。**身為專門解決問題的人，你必須了解自己的好惡、長處和缺點**。如果你有關於客戶喜好的內線消息，將有助於你跟客戶破冰。如果他們有投資股票，而你也能談論關於股票的話題，對你就是加分項目。

例如，我不打高爾夫球，但我有一位員工熱愛高爾夫球，並以球會友，跟客戶建立關係。他們會討論世界上最好的高爾夫球場，因為他熟悉這項運動，而跟客戶有共同語言，所以當他推薦墨爾本的球場（和賭場）時，他們會認真看待。

從「你是誰」開始思考，不要試圖成為跟自己不一樣的人。例如，如果你只是想在球場上達成交易，而選擇打高爾夫，客戶馬上就會察覺。客戶知道誰是真正熱愛這項運動，並且自在打球的人。猜猜看客戶更喜歡哪一種人？

找到你跟客戶的共同點，自在談論相同話題。找到你的熱情所在，然後多方嘗試，看你是否真的喜歡。**確保每一天你都更了解客戶，和你自己**。記住，如果你是管理者，不要試圖成為狩獵者——反之亦然。

「但是馬庫斯，如果上流社會的一切我都不喜歡，怎麼辦？」曾經有人這麼問我。

那就思考你有把握的。你知道新加坡哪裡有好吃的餛飩麵？哪裡有美味的日本餐廳？**大多數人都喜歡談論飲食和交朋友**，這些都是很好的起點。此外，有些人熱衷於慈善、藝術或體育，你在做客戶研究時，也可以留意這些關聯。

或者，回想一下客戶在接受媒體採訪時說過的話，並嘗試在他們的價值觀和指導原則中，找到你和他的共同點。例如，如果客戶提到自己個性內向，而你也是個內向的人，你們就可以討論某個內向特質是如何在日常生活中幫助到自己。[14] 每個線索都有用，你可能會成為客戶心中能夠解決問題的人，而且這會讓你們兩個都驚訝不已！

14 蘇珊．坎恩（Susan Cain），《安靜，就是力量：內向者如何發揮積極的力量》（*Quiet: The Power of Introverts in a World that Can't Stop Talking*），Crown Publishing Group 出版，二〇一二年（繁體中文版由遠流出版）。有助於了解內向的人，以及如何挖掘他們的才能。內向的超級富豪可能讀過這本書，而且會對書中的概念有所共鳴。

另一方面，如果真的找不到共同點，應該在背景研究時弄清楚。在這種情況下，你可以將潛在客戶推薦給能和他愉快合作的團隊成員。

在接下來的章節中，我將更詳細的討論初次會面、不同種類的超級富豪和其他原則。我當然無法左右每一次會面的結果，但我提供的策略，應該足以吸引任何人——當然，前提是你能夠保持頭腦清醒並快速思考。祝你好運！

如何讓鯨魚上鉤

1. 從客戶的角度處理交易。把重點放在對他重要的事，而不是對你重要的事。
2. 了解不同類型的超級富豪。一般來說，自己賺錢的人喜歡尋求風險和刺激；而繼承財富的人，則更想要享受樂趣、度過愉快的時光。
3. 透過非正式活動，跟超級富豪見面並了解他們，在活動中提供他們想要的東西。
4. 先建立關係、尋找共同點，並深入了解每位潛在客戶。建立牢固的友誼之後，才有銷售的機會。

06

我讓一個從不進賭場的人，成為常客

三十五名隨行人員搭乘公務機、私人飛機或包機飛往拉斯維加斯，抵達後由加長豪華禮車車隊接送，前往美高梅大酒店別墅區（Mansion at MGM Grand）等高檔飯店，車上還備有唐培里儂香檳王（Dom Pérignon）和貝魯迦鱘魚子醬（Beluga caviar）。一到拉斯維加斯，飯店禮賓人員、貴賓服務員、賭場公關、賭場經理、豪華轎車司機、管家、私人廚師和應召女郎隨時待命，好滿足他們時時刻刻的需求。

——德克．卡斯特曼（Deke Castleman），《沙漠中釣大魚》[15]

15 德克．卡斯特曼，《沙漠中釣大魚：賭城超級公關祕辛》（*Whale Hunt in the Desert: Secrets of a Vegas Superhost*），Huntington Press 出版，二〇〇八年版，第二頁。

成功人士跟普通人哪裡不一樣？跟擁有的時間、金錢或精力無關——每個人一天都有二十四小時，只要努力工作就能賺到錢，肯花費精力就能有成就。

不同的是，成功人士心中懷抱夢想，他們會把時間、金錢和精力花在追逐夢想上。他們為了夢想而活、為了夢想早起。他們耗費心力追尋夢想、為夢想忙碌和停留。他們時時刻刻想著工作，把工作視為生命。

商業領袖並非由個人特質所定義，而是由他們創建或改造的公司賦予意義。儘管比爾．蓋茲（Bill Gates）已辭去執行長的職位，但他就等於微軟；已故的賈伯斯是蘋果的同義詞；馬雲，就代表阿里巴巴。他們實現的夢想，定義了他們個人。

我們服務的超級富豪，多數是勤奮、努力進取的商業領袖，或是培育中的企業接班人。他們賺到的越多，自然會將眼光放在向他們敞開大門的各種可能性上。在商場上打滾的小企業主會有自知之明，跟「小甜甜」布蘭妮（Britney Spears）約會的幻想，永遠只是個幻想。但是，在他擴張、壯大自己的企業帝國後，卻會發現手上有好幾百萬美元，不知道該怎麼花……。

- 「我想在前排座位看NBA比賽。」
- 「我女兒喜歡英國男子團體『一世代』（One Direction），能幫她弄到演唱會前排位子，並安排她跟團員在後臺碰面嗎？」
- 「我太太想要一張一級方程式賽車新加坡大獎賽（Singapore Grand Prix）的名流包廂通行證，還有跟塞巴斯蒂安．維特爾（按：Sebastian Vettel，德國賽車手，四屆一級方程式賽車世界冠軍）見個面。你能幫忙安排吧？」

這就是我們的切入點。**我們的工作，與其說是推銷自己，不如說是將客戶的夢想化為現實。我們推敲、研究他們想要什麼，並提供服務來實現**。有時，在我們開口之前，他們甚至沒有意識到自己真正想要的是什麼！

舉例來說，沒有人願意承認他們想參加維多利亞的祕密（Victoria's Secret）時裝秀，並跟那些名模見面。你大可不經意的問一句：「你知道維多利亞的祕密嗎？」

「我當然知道，」他們可能會這麼說，而且出於禮貌，會就此打住這個話題。「你認為我是笨蛋嗎？」（當然，有些人會繼續跟你交談。想做這份工作臉皮要夠厚，放輕鬆，別往心裡去。）

「我有兩張維多利亞的祕密紐約時裝秀的通行證。」這時，你會看到他們的臉亮了起來！你繼續補充道：「而且，還可以參加時裝秀結束後舉行的派對。你有沒有想認識的名模？」

「太棒了！我要怎麼做才能拿到通行證？」

「你方便來我們的倫敦飯店一趟嗎？花個幾天跟我們認識一下，我們會幫你安排往返紐約的機票。」

維多利亞的祕密只是個開頭。也有人會問我：「我想要送太太一個愛馬仕（Hermès）包。她一直說她很想要！」幸好我們跟各大奢華品牌都建立良好關係，這當然不成問題。之後的談話內容，就不再只是向客戶證明我們的銷售能力，而是跟客戶合作，以實現雙方共同的目標。

記住：夢想不是需要，而是想要。我們必須常常問自己：「如何發掘出更多客戶真正想要的體驗，並運用公司的優勢來實現？」以有組織的方式說服客戶，讓他們期待即將到來的體驗，以及他們該怎麼配合才能享受其中。

如果你已經成為客戶的朋友，照著本書第三章的準備工作進行，過程絕對比你想像的更簡單。

這麼做，會讓你避免犯下塞提稱之為「我、我、我症候群」（按：I, I, I syndrome，談話時經常以「我」作為主詞，忽略對方的需求跟感受）的新手錯誤，這種症候群會讓你只專注在自己的需求上。雖然，這件事對你來說可能很重要，但客戶並不在乎。這只會讓客戶完全失去興趣，白白浪費彼此的時間。[16]

把重點放在客戶的需求上，關注他從體驗中能得到的收穫。事實上，**只有當你們建立深厚的友誼，而客戶願意按照你的條件完成交易時，你才能跟客戶談論自己的願望**——因為你們兩個是好朋友。即便如此，這段關係對客戶自身能帶來的助益，才是他真正看重的。

16 同注釋9。

你最不該得罪的，是你的主管

如果你確定自己適合這份工作，堅持下去，無論遇到多少困難。**只有放棄，才是真正的失敗**。

只要有正確方法、團隊合作和計畫，就沒有不可能實現的目標。在任何新的嘗試中，你都應該抱持這種態度，尤其是看到明年的業績目標時。

假設我的年度目標是四十億美元營業額，這是一個龐大的目標，數不清的零可能會讓新手嚇到動彈不得。但是，讓我們拆開算一下。一年四十億美元的營業額，四捨五入後代表每個月的營業額是三億三千三百萬美元。考慮到我們吸收多少高淨值客戶，如果我們能提高成交率，這個目標並非遙不可及。

現在再將其除以四，得到每週營業額八千三百五十萬美元，這個數字看起來就沒那麼大了，是吧？

然而，考慮到業務銷售本來就有旺季和淡季之分，如果確定旺季可以補足，淡季營業額較少也不成問題。因此，淡季時一週七千五百萬美元營業額，是可接受的數字。

一到旺季，例如農曆春節，或人人都會安排旅行的寒、暑假期間，許多人一週就能賺到六億美元！

一個月又一個月過去，我的績效是最好的證明。我為自己制定了銷售目標，因為我知道自己辦得到——我第一年的營業額，跟前一位員工不相上下，但第二年就有大幅增長！其他團隊要找到一個新客戶都很困難，而我找來二十多個新客戶加入。

我是怎麼辦到的？**首先建立友誼，接著才是銷售**，並與來自新加坡和世界各地的超級富豪建立關係。我讓他們簽下長期合約——同意每年安排多次旅行。每次旅行，他們都會帶朋友跟合夥人前來一起同歡。

簡單來說，我必須確保每個客戶都會再來找我，而且都願意成為我的代言人。如此一來，他們在不知不覺中就創造了營業額！

我的意思是，你必須妥善計畫且條理分明，盡可能將客戶轉化為讓營收倍增的助力。當我在培訓課上分享這個重點時，每個人都驚呆了！

然而，如果目標仍然遙不可及該怎麼辦？強人如我也有極限。

比方說，如果我被要求達到一百億美元的營業額目標，我可能會和其他人一起罵：

「幹，去你的。」

公司設定出一個你完全達不到的目標，這種情況是非常不可能發生的。原因如下：你的主管也有目標，他們要對他們的主管負責，扛下你的績效，和他們自己的績效。你的主管也想要拿到獎金，所以他不會憑空捏造你的業績目標，硬生生叫你吞下去。不合理的業績目標早就被他擋下來了。他可能會這麼說：「一百億美元？去年我們只做了二十五億美元！為什麼憑空增加四〇〇％？」

話雖這麼說，剛開始時我卻很難做到，因此犯了很多錯誤。我身為企業家，每天都必須做出艱難的決定，負責管理員工，卻沒有可以匯報的對象。

當我開始賭場銷售的工作時，我進入一個充斥官僚主義、政治和權力遊戲的世界。我的主管看似怯懦，害怕承擔創造營收的風險。

但他們只擔心自己嗎？當然不是！我後來才知道，他們必須跟其他部門協調，並且證明我們每個人做出的每一個決定，都是正確的。**我們必須向公司證明我們的價值，而主管是站在董事面前，為我們辯護的人。**

我怎麼維持團隊成員的士氣？

目標沒達成？進度落後？這時應該保持積極，而不是屈服於壓力。如果你能保持頭腦冷靜，並制定計畫，就不會覺得目標遙不可及。

積極和樂觀是很棒的特質——在銷售這一行很需要。你必須有上進心，如果你害怕去辦公室，厭倦日復一日跟不同的人見面，這代表你需要休息……或是乾脆來個角色轉換。

每個人都有情緒低落的時候，所以我盡力讓團隊維持士氣、激勵他們。我發現最好的方法，就是從自己做起，全力以赴。「媽的，老大都豁出去了，我們竟然還追不上他！」他們會這樣想。當然，適度的讚賞和拍拍肩膀表示理解，絕對是有幫助的！

無論好壞，每個人都團結在一起，這種團隊忠誠度不可能偶然發生，透過每天的互動和交談，才能產生團隊向心力。

你最不該惹的人，就是你的主管，因為你在公司的前景，完全取決於他對你的評價如何。

因此，在你批評主管之前，請試著用他的立場思考，想想他必須處理什麼鳥事。並且，用同樣的態度對待客戶——了解他想要什麼，並幫助他達成。主管需要達到業績目標，你也一樣。

讓從不賭博的人，成為我賭場的常客

有一次，我讓一位從不賭博的印度人成為我的客戶，說服的過程讓我感到很自豪。我稱他為L先生，第一次見到他，是在香港的一次房地產活動中（投資活動是很有機會認識客戶的地方，記得在你的行事曆上標注活動時間）。

一位共同朋友介紹我們認識。「他非常有錢。」這位朋友透露，並告訴我L先生居住的公寓大樓名稱。我們開始交談，從中得知他喜歡汽車和葡萄酒，並發現我們有很多共同點。

L先生的專業是人力資源，負責將資歷亮眼的人選推薦給大公司，讓他們擔任執行長或財務長等職位。事實上，如果我的公司需要一位新的執行長，我們一定會去請他提供協助！他從收到的巨額佣金中，賺了很多錢。

但我忍住了，我沒主動提過我的工作。後來，我給了他名片（上面沒有說我做的是賭場這一行），在活動結束後的幾個月裡，我們一直透過簡訊保持聯繫。我到香港時會讓他知道，兩週後我們一起喝咖啡，一個月後一起吃午餐。在這段時間，我盡可能的增加對他的了解。

一直以來，我們談論雙方都感興趣的事情——我不想要經常打擾他，於是決定在他開口前，不主動向他銷售。

為什麼？因為我知道他遇到的每個人都有計畫，遲早會開口：「你要跟我買東西嗎？」這是所有有錢人的宿命：沒有人只是單純想跟他們交朋友。他們也害怕你會問他們股票投資的內線消息，或是購買他們的產品和服務有沒有優惠折扣。

我真的很喜歡跟他聊天，但我也希望他能夠主動開始這項交易——在我們第三次見面之前，他以驚人的方式辦到了。

「馬庫斯，別胡說八道了，」他在電話裡說，聲音中透露著沮喪：「別東扯西扯，告訴我，你要賣我什麼。」

「我不會賣給你任何東西，L先生，」我說：「你認為，我看起來像是有東西要賣的人嗎？」

「不。」他承認。

「你覺得我想騙你嗎？」

此時，我們對彼此有一定的信任——「我會騙他」這種想法，對他來說完全沒有說服力。「不，你不會的。」

「對，」我說：「你真的想知道我在做什麼嗎？」

「是的，我真的很想知道你到底在做什麼。」

我笑了。「嘿，L先生。搭直升機來澳門，跟我一起吃午餐吧。我會告訴你我在做什麼。你想知道，對吧？」

他的好奇心被激起了：「你要幫我叫一臺直升機？」

我真的這麼做了。從香港搭乘直升機並不便宜——大約七千至八千港幣（按：港幣兑新臺幣之匯率，依臺灣銀行二〇二二年五月公告均價三．八〇元計算，約新臺幣兩萬七千至三萬元）——但當時我知道，回報將遠遠超過這項支出。

午餐時，L先生承認：「你真的把我搞糊塗了。」

「放輕鬆。五分鐘後，你就會知道我在做什麼。」

吃完甜點後，我帶他去了賭場，隱藏已久的真相終於浮現在他眼前。「原來你是做賭場這一行的。」

「沒錯！」我告訴他：「我負責超高淨值人士。我滿足他們的需求，讓他們能享受假期、開心的玩。我們的收入來自於他們的賭注。」

「我沒有賭博的習慣，」他告訴我：「但我很樂意介紹朋友給你，幫你增加業績。」

多虧平時有做功課，我知道自己這時候該說什麼：「為什麼不試試看呢？L先生，你可以拿一百萬港幣出來試試手氣。」我做了信用調查，知道他住在價值八千萬港幣的公寓裡，這點錢對他來說只是九牛一毛。

是我引誘他的嗎？當然不是！我們從朋友做起，我們很享受在一起的時光，這時我才會向他推薦我的服務。

規則第一條：進行銷售之前，先成為他的朋友；在我透露賭場工作之前，我們必須真的喜歡與對方交談。**首先是關係，再來才是銷售**。具體細節可能略有不同，然而面對新客戶和朋友介紹的人，我會盡量留下這樣的第一印象。

事實證明，L先生是最捨得花錢的客戶。我帶他嘗試各種遊戲。他只聽說過二十一點，在他輸了一大筆錢後，我不得不把他從賭桌拉開。但是到了晚上，他已經嘗試了百家樂、輪盤和許多他從未聽過的遊戲。

玩了幾個小時後，他輸掉五十萬美元——但他並沒有被嚇倒。那天結束時，他贏回七十萬美元！我說服他留下來住一晚，以高昂的情緒結束這一天。

「哇，這很有趣！」他開心的大叫。（我不知道原因，但是當人們第一次來賭場時，通常會贏很多錢。這會讓他們上癮，然後再回來賭。）

他承諾下週再回來，正如我所說的，至今他仍是常客——每次可以花到兩千五百萬美元！

「你賭博嗎？」這樣問是禁忌

從事賭博銷售，經常得面對社會的反對意見，因此更需要巧妙應對和良好的友誼作為基礎。

如果剛認識的人問你：「你賭博嗎？」沒有人能馬上做出適當的回應。無論答案是肯定或否定，都像是在問對方：「你喜歡玩女人嗎？」或「你吸毒嗎？」我想，不管一個人身邊圍繞著多少女人，他應該永遠都不會認為自己是個好色之徒。

同樣的，詢問他人的賭博習慣是個禁忌，除非你已經進入對方的核心圈子。在你們成為真正的朋友之前，如果他們問你在做什麼，只需回答你是行銷主管——除非他們完全接受你，否則不要透露你工作的單位。

如何讓鯨魚上鉤

1. 銷售客戶想要的體驗最重要。
2. 把重點放在了解客戶，並成為他們的朋友，再找出他們的需求。在關係牢固之前，避免過度談論自己或自己的需求。
3. 跟主管一起工作。了解主管的職責和他們呈報的對象，成為他們的得力助手。
4. 如果你是主管，讓自己成為員工的好榜樣，藉此建立團隊忠誠度，並對每個人努力工作表示感激。

第3章

我的外表像孔雀，行動卻像變色龍

07

做這份工作前，先學會怎麼吃

把「把妹達人」放在邁阿密的南海灘（South Beach）上，長得更帥、肌肉發達的壯漢，馬上就會朝他們蒼白憔悴的臉上踢沙子。但只要換個地方，把他們放在星巴克或威士忌酒吧，當壯漢一轉身離開，把妹達人就會輪流跟他們的女朋友親熱。

——尼爾．史特勞斯（Neil Strauss），《把妹達人》（*The Game*）[17]

17 尼爾．史特勞斯，《把妹達人》，哈潑柯林斯出版集團（Harper Collins）出版，二〇〇五年。

我的導師能夠清楚掌握客戶的想法。

「年輕人，」她曾經跟我說：「**在你做這份工作之前，必須學會怎麼吃**。我們大部分時間和誰一起吃飯？」

「非常有錢的人。」我說。

「他們的年齡多大？」

「五十多歲，也許六十或七十歲？」

「沒錯。那他們是不是離死亡不遠了？」

她說這話是什麼意思？「嗯，這麼說也沒錯。」

她得意的看著我：「那他們想要什麼？活得更久，對吧？如果他們吃得健康，就能活得更久。如果他們活得更久，就能幫你省去尋找新客戶的麻煩！」

她非常清楚吸引客戶的關鍵，便是精確掌握客戶的想法，並給予他們想要的東西。

直到今天，我都吃得很健康，並鼓勵年長的客戶也這樣做。

「我們吃點簡單的清清腸胃吧！」我提出建議，而他們會欣然同意。當每個人離開餐桌時，若都吃得恰到好處而不是太飽，那種感覺更好。

點心和蒸魚，讓你變老饕

請記住：跟潛在客戶約在你自己會想去用餐的餐廳。客戶的用餐體驗，會決定交易成敗。因此，你必須確保餐廳能提供客戶想要的美食。以下是我如何確保中餐廳能達到標準的方法：忘記每日特餐、忘記菜單、忘記外頭巨大廣告看板上顯示的內容。**中餐廳烹飪能力的真正指標，是點心和蒸魚。**

找機會先自己試試看。餃子皮是濕潤柔軟透亮，還是又乾又硬？前者表示廚師知道如何控制蒸氣、烹調出正確的口感；後者意味著他們不在乎品質。蝦子吃起來粉粉的嗎？這就表示餐廳不在意食材是否新鮮，或沒有丟棄過期的食材。魚肉會黏在骨頭上嗎？這樣的魚不是不新鮮，就是煮過頭。

用餐時，只需點點心和清蒸魚，餐廳經理馬上知道你是老饕級的顧客！有次我點了這兩樣，餐廳立刻請資深廚師到餐桌旁，詢問我的用餐意見。

聽我的準沒錯。一家做不好蒸魚的餐廳，沒辦法讓你好好招待客戶——無論你點燒烤、紅燒還是燉煮料理。你不如找另一家做得更好的餐廳。

不要點太多的另一個原因是，即使勉強吃完了，看起來也不優雅。如果沒有把食物吃完，就好像在跟客戶暗示，你不是一個有始有終的人！

重點是客戶會按照感受行事，如果你能掌握客戶的想法，並吸引他們來到自己身邊，那就成功了一半。因為你非常在乎他們的體驗，所以你會帶他們去提供好料理的餐廳。

當孔雀吸引客戶，當變色龍隨時改變

史特勞斯的暢銷書《把妹達人》，描述他如何在搭訕的世界登峰造極——男人彼此分享腳本、技巧和策略，如何在公共場所結識女性，吸引她們並把她們搞上床。他從一位街頭魔術師那裡學到的方法，是扮成一隻「孔雀」。史特勞斯解釋：

> 孔雀理論認為，為了吸引該物種中最優質的雌性，必須以華麗繽紛的模樣脫穎而出……就像孔雀開屏一樣，應該穿著閃亮的襯衫、頭戴花俏的帽子，以及配戴在黑暗中閃爍的首飾——基本上就是我認為很俗氣的東西。[18]

但這招真的有效！當史特勞斯穿著引人注目的衣服時，女性對他產生興趣，覺得能夠輕鬆跟他聊天。

開發你的特色服裝來吸引客戶。以我為例，就算穿著鮮豔西裝和五顏六色的晚禮服，我還是表現得一派輕鬆。至於手錶，我戴的是鑲鑽的錶，能讓人留下深刻印象。我的打扮是為了引起超級富豪的注意，而不是取悅時尚警察（按：指對時尚、搭配等嚴格審視的人）。我希望自己打扮好看，並被重要的人記住。

接觸客戶時，任何能讓你脫穎而出，且被記住的嘗試都是好的。我不在乎是否有人認為我俗氣或粗魯，因為結果更重要。如果他們能用更巧妙的方式取得成功，並拿到比我更多的生意，再來跟我說。

可能的話，我建議效法史特勞斯，參加演講和歌唱課程，擺脫說話急促和喃喃自語的壞習慣。請記住，你不是在舒適的辦公室或家中，想做什麼就做什麼；而是要考量在

18 同注釋17。

潛在客戶面前、在壓力和承擔數百萬美元成敗的風險下，你應該做什麼。

你的學習對象是孔雀和變色龍。孔雀令人難忘且浮誇，而變色龍則善於偽裝、不著痕跡。換句話說，你必須夠特別才能令人難忘（像孔雀一樣），而且具備絕佳的適應能力，能夠隨時改變談話風格（就像變色龍）。每次的客戶互動都是獨一無二，因此請做好準備，隨時調整。

重點：你是需要吸引客戶，並隨時做出調整的人。是你要配合客戶，而不是讓客戶配合你。

無論別人說什麼，都要有無人能奪的自信

沒有糟糕的產品或糟糕的服務，只有處理不好的問題。你必須清楚你的產品為誰服務，並為此感到自豪。盡你所能，提供最好的服務。

有段時間，我注意到一位在拉斯維加斯賭場工作的清潔工。他把這個地方弄得非常整潔，令人難以置信。我印象深刻，當場給他一百美元的小費。

他很震驚：「先生，我在這裡工作了十五年，你是唯一給我小費的人！」

「你應該為自己的工作感到自豪，」我跟他說：「我注意到你清潔了每個角落、每個菸灰缸。我欣賞你的努力，你應該為自己的所作所為感到驕傲。」

這跟我們的銷售工作有什麼關係？答案簡單明瞭——這是一個競爭激烈的世界，無論你多麼努力，總會有人說你還不夠好。經理和客戶都曾經對我說話不客氣。

實際情況就是如此，毫無掩飾。經理曾經對我說：「你為什麼這麼沒用和愚蠢？」或是「這是什麼糟糕的交易？」客戶也曾經對我發飆：「這個地方很爛。為什麼服務這麼慢？」或「這個爛地方要去哪裡找吃的？」

發生這種情況時，請從容應對，並盡可能改善。我們每個人的確都有改進的空間，但我也必須說，**無論別人跟你說什麼，都要對自己和產品有基本的信心——沒人能奪走的信心。不要因為侮辱或責罵而灰心。如果你無法說服自己這是值得銷售的產品，又要如何說服別人？**

我的方法是：**強調好的那一面，並確保客戶的正面期待，勝過可能面臨的不便。**任何旅遊地點都有相對的優缺點，以下是我的自身經驗：

當我在推銷墨爾本的賭場時，我會提到什麼？澳洲蔚藍的天空、宜人的天氣、旅遊景點和可愛的無尾熊。我會跟客戶說澳洲移民很討厭，可能會遇到種族歧視，或食物有很大的改善空間嗎？當然不會！

第二個例子是菲律賓。我曾住過一個度假勝地，那裡有出色廚師烹調的美味佳餚，處理得恰到好處；工作人員都很友好、善解人意。每個人都提供最優質的服務，讓我感覺賓至如歸，我在那裡度過一段愉快的時光（但我沒有提到：氣味、破舊和隨處可見的蟑螂，他們會在你的房間放一罐拜貢〔baygon〕殺蟲劑。以上都不是我編的）。

打破常規思考問題。發揮創意，但也要設限。我從不說任何不符合事實的話。這關乎在客戶腦海中建立的形象，而不是你自己曾有過的經驗。

真誠的關心，才是銷售基礎

提前準備好你的觀點，並精心設計你的敘述，當客戶終於感興趣時，你就可以順利把話題切換到他即將享有的體驗。之後，當他來到你的公司，你就可以利用你對客戶背景和性格的了解，確保他能享受一段愉快的時光。

請注意，良好的印象並非偶然。吸引力的三個組成要素：展現出你關心他們；他們很重要且難忘；以及表現出你的專業、自豪於你這份工作的態度。提前計畫，以便所有事情都安排妥當。

你對客戶所做和所說的一切，都和你將如何被看待和記住息息相關。第一印象很重要，必須確保你在客戶心中留下好印象，並在他們需要時提供協助，證明你是真的關心他們。

某次經驗提醒我，這真的很重要。我有個客戶計畫在拉斯維加斯的賭場待上十二個小時，我們額外安排讓他飛到亞利桑那州，搭乘直升機遊覽大峽谷。

不幸的是，他在旅行中脫水，病倒了。他的症狀非常嚴重，以至於他在賭場只待了九個小時，就不得不離開。當然，我們放棄剩下的三個小時，因為他的健康和安全，比合約上的文字更重要。我們是在跟人打交道，不是機器！

事實上，人的因素最重要，你所做的一切都取決於它。這是銷售業務的基礎。**不竭盡全力維護關係，並為客戶利益而努力的人，注定會失敗。**

如何讓鯨魚上鉤

1. 留下有特色且難忘的形象。在跟客戶會面時，盡可能製造良好印象。
2. 關注每一個細節，做你引以為傲的工作。
3. 凸顯並營造正面良好的印象。陳述特色和優點，適度隱藏缺點和不便之處——這跟誠實無關。
4. 對他人的真誠關懷無法偽裝。每一次會面，都表達出你對客戶的真實關懷。

08

絕對不能跟客戶說：我不知道

「比賽的勝負早就決定了，不是來自於觀眾和見證者的鼓勵，而是來自幕後的努力、在拳擊館的訓練，以及在馬路上的不停奔跑，然後才有我在燈光下的勝利之舞。」

——傳奇拳王／穆罕默德・阿里（Muhammad Ali）

我曾經遇過一位汽車銷售業務，他非常「好心」的示範了什麼是銷售時絕對不該做的事。如果他是故意想要激怒我、不想做我的生意，那他真的是完全用對方法！他在我經常光顧的賓士（Benz）展示車廠工作，因為我熟悉的業務在忙，所以由他接待我。

「嗨，我想買一輛 S-Class 敞篷跑車。」我說。

「S-Class 敞篷跑車？我們沒有。」他說。

「新聞說兩個月後推出，」我說：「你不知道嗎？」

「我只聽過轎跑車，沒聽過 S-Class 敞篷跑車。」

「你們應該有引進這款跑車。什麼時候會有車？」

「我不知道。」

「一臺多少錢？」

「我不知道。」

此時此刻，我真的很想給汽車經銷商留個話——最好把這個業務的薪水省下來，花在別的地方。如果他跟我說：「抱歉，先生，請讓我幫你查一下。」接著他只要簡單的搜尋，就有機會拿到我的訂單。但他的回答顯示出他無法立刻反應，或者他只是不想被打擾！

身為業務，**永遠不要讓「我不知道」這句話，從你的嘴裡說出來**。沒有什麼事比不了解產品更扼殺銷售！

知道你現在在賣什麼不夠，還必須了解即將推出的新產品，以及搶在客戶提出問題之前反應。

跟客戶坐下來談之前，你要完成八〇%的準備

一個好業務會搶在被問到之前，就回答問題。這不是什麼神祕的能力，而是努力工作的成果。我努力學習，讓八〇%的工作在我們坐下來談話前，就已經完成了，而會議本身，從頭到尾則遵循著我主導和了解的模式進行。

經常對自己提出以下問題，會對你有所幫助：

1. 誰最有可能購買我的產品？

要盡可能具體。他們的年齡？住在哪裡？夢想和抱負是什麼？

如果你必須跟許多不同的人打交道，**請將他們依照一些「典型」分類，或分成你會以不同方式接洽的類別**。你可以參考上一章，我將有錢人分為自己賺錢和繼承財富兩種，以及按照年齡分組。每個組別想要的體驗截然不同！

甚至，還可以進一步細分，例如按照價值體系和家庭單位。對方是沒有固定對象的單身漢？或是有老婆、小孩，價值觀相對保守的顧家男人？還是跟很多女人有浪漫關係

的花花公子？光是這三種類型，你就必須採取完全不同的方式來吸引和獎勵他們。

請記住，**不要用刻板印象去定義客戶**，客戶是不同的個人。但這些是**人物類型——具有現實基礎的歸納標準**。這些概念可作為參考，**幫助你制定正確方法和預測問題，不必視為一定要遵循的嚴格範本**。等你累積經驗後，你會越來越擅長發掘其中的細微不同，並不斷調整以符合客戶真正的形象。

2. 我希望客戶有什麼體驗？

賣衣服時，你可能會強調布料的涼爽和舒適；賣汽車時，你會誇大駕駛體驗以及馬力、安全或環保概念——取決於那臺車的訴求。出售藍寶堅尼（Lamborghini）等超級跑車的方法，當然不同於福斯（Volkswagen）休旅車。而如果你販售的是賭場體驗，請從各種類型人物的角度思考。賭場的設施和功能，如何提供明確優勢，滿足每個群體的需求？

例如，單身漢可能會喜歡為朋友提供的套裝行程、社交伴遊，以及打折的食物和飲料，這樣他就可以享受賭博的快感，而不必顧慮同伴。有家室的男人自己可能不會賭太大，但他的孩子或親戚可能會，因此以他為銷售對象時，則可以強調酒店的娛樂、運動設施或餐廳。至於花花公子，你可以在入住城市的名牌商店安排購物之旅，並提供特殊優惠——用公司的名義安排好一切。

請注意，這個思考實驗只是要幫助你統整答案，能跟客戶好好溝通，但不必做到完全準確。這個練習只是希望能幫你跟客戶開啟談話，使對話更順暢。

3. 我該如何組織對話？

你必須先了解人的個性。可以參考DISC人格測驗，衡量每個人的人格特質，這個人格測驗把人分為支配型（Dominance）、影響型（Influence）、穩健型（Steadiness）和謹慎型（Compliance）。[19] 透過這套系統，可以幫助你找出客戶習慣的溝通方式，深

19 參考〈DISC分類常見問題〉（DISC FAQ），Discreports.com網站，詳見：http://www.discreports.com/ed-center/faq。

入了解他們，並得到他們的信任。這個理論的目的是提供一個框架，幫助你理解跟潛在客戶可能會有的真實互動。

研究不同的個性，思考他們如何看待承諾、風險和回報。支配型人格習慣直接面對問題，所以要先讓對方知道他可以得到什麼：「你想參加維多利亞的祕密時裝秀嗎？這樣做就可以了。」

而如果是影響型人格，這樣說效果可能比較好：「這樣安排，你的家人都會開心。你們辛苦工作這麼久，應該玩個痛快，不是嗎？」

穩健型人格則是對原則和邏輯證明反應較佳。「跟我來，你會玩得很開心。我有沒有提到可以安排你飛去紐約，看維多利亞的祕密時裝秀？」

具有強烈謹慎型人格的人，則習慣提前被告知：「我需要你給我十分鐘的時間。我想讓你看看你可能感興趣的東西。」他們必須先做好心理準備。

但無論如何，都要讓他們輕鬆得到完美的體驗。

4. 客戶會問什麼問題？如何回答才能讓客戶滿意？

你是否全盤了解產品的重點，有助於填補理解的漏洞。要結合你對產品的理解，以及對客戶的理解。客戶認為你是從專業的角度說話，所以不要漏氣的說「我不知道」。**請設身處地為客戶著想。想像一下，如果你想購買自家產品或參觀賭場，會問業務員什麼問題？**

這個習慣也能帶入其他類型的銷售中。假設你要賣澳洲的房產，你不是應該要熟悉那個社區、城市和州的優點嗎？想像你被問到：「我為什麼要在伯斯（Perth，西澳洲首府）置產？」卻回答不出來的窘況！你必須熟悉社區、餐廳、夜生活、娛樂、涼爽的空氣和良好的氣候——所有當地居民應該知道的一切。

更重要的是，如果買家有意投資，你對當地的發展、物業管理和犯罪率又有什麼看法？如果被問到這些問題，你最好知道答案——或者有辦法立即找出答案。你的客戶很忙，他們不可能等你一天，這時間夠他們去找到對房地產更有概念的專業人士了。

某個業務員很了解產品，以及產品對客戶的影響；而另一個業務員只熟讀理論。猜猜看誰會賺到佣金？沒有良好的產品知識，你就完蛋了！如果你不了解產品特色和優勢，或你無法讓客戶相信產品的價值，你就無法說服任何人。

角色扮演：如果一定要搞砸，不如先搞砸試試看

在我籌備的培訓課程中，我們會讓參與者分成四組，例如老鷹、蟑螂、獅子和蛇。每個小組的目標是在五分鐘內制定一個策略，說服其他小組的成員加入自己的小組。

分組能促使參與者進行創造性思考。每種動物的特色是什麼？每項特色的優勢又在哪裡？以老鷹為例，其顯著的特徵是出色的視力和飛行能力，參與者可以強調這些特徵的優點。例如：老鷹可以追蹤獵物的移動，並從上方攻擊，讓獵物來不及反應。

角色扮演也能應用在公司培訓課程以外。

這樣的練習**能解決讓你陷入困境的棘手問題，並提醒你光是知道理論是不夠的——你必須能夠在壓力下發表意見**。找到客戶群以外最嚴厲的朋友，讓他或她對你提出最強硬的反對意見。

讓非正式會面就像真的一樣。去相同的場所、穿著相同衣服，甚至喝相同飲

料。一旦你能夠一貫的建立友誼、提供適當的誘因並完成交易，你就可以更留意自己的舉止、微笑和姿勢。

在這個安全、無風險的環境中，唯一需要擔心的就是你能否放開自我，但是當你能學會隨機應變時，這一切就值得了。

研究你的客戶，資訊永遠不嫌多

大多數新客戶都是透過現有客戶的推薦，直接交給你負責，或經由你的導師介紹。你該藉此機會進行客戶研究：盡可能了解潛在客戶的個性、好惡，包括他們在推特（Twitter）、部落格或接受媒體採訪時說過的話。你只要在網路上搜尋他們的名字，加上「採訪」這個關鍵字就可以了。

同時，也不要低估小報或狗仔的報導，照片可以提供重要資訊，讓我們知道他們喜歡什麼活動和常去哪裡。

客戶和他的助理會很高興你了解他們，且可以跟他們討論價值觀、喜好和工作方式。例如，如果他們信奉宗教，而且企業文化是重視人與上帝的密切關係，我們可以藉此得知：他們可能不喜歡你在他們面前發誓；他們可能會被賭場的酒店、設施和購物所吸引，而不是賭博本身，而他們可能會喜歡適合親子的娛樂。

拉米特．塞提將此稱為前置工作——在開始時做更多準備，能夠更順利完成交易。請注意，在準備過程結束時銷售如何發生。事實上，我們稱之為「前期工作」，一旦你做對了，幾乎可以保證在你提出的那一刻，銷售就完成。[20]

深入研究還提供了一項優勢：培養你提前兩到三步思考的能力，預測問題並了解你可以進行的交易。

請記住，潛在客戶和現有客戶都非常聰明，他們希望獲得最好的交易。因此，針對他們仔細研究，會讓你知道他們重視什麼、哪些他們認為不重要。

如果你做足功課，就會知道該在哪一點妥協——例如降低航班費用、提供賭博的信用額度或打折的餐飲等。

以下是你必須列入考量的重點項目：

1. 商業和家庭背景

企業創辦人和一路向上爬的成功人士，熟知風險及其運作方式；而繼承財富的人則把體驗視為優先，他們想要玩個盡興。這些訊息可能會在採訪中出現，記得做筆記。

還有，他們的企業目標和願景為何？例如，如果他曾提到改善環境永續性，將有助於我們了解他的公司在該領域所做的努力。

2. 價值觀

如果客戶在採訪中，提到他的核心價值或獨特觀點，你就要思考在你的公司和工作中，如何體現這個價值觀，以及企業領導者該如何落實。不要害怕跟客戶分享文章、部落格貼文和建議，他會因為你的不遺餘力而印象深刻。

20 拉米特・塞提，〈開始線上商務的基本準備〉（3 Essential Systems for Starting an Online Business），刊登於 GrowthLab 網站，詳見：https://growthlab.com/3-essential-systems-for-starting-an-online-business/。

越來越多有錢人習慣用推特來表達想法，因此，如果你的潛在客戶有推特帳號，請先看一下，好了解他們的想法。

3. 年齡

在相同的收入等級下，年輕客戶會比年長客戶更願意花錢賭博。我猜他們想要出名，並證明他們可以贏很多錢來購買想要的東西——名車、房產和名牌——而不用花到父母的錢。他們喜歡尋求更盛大、更炫的體驗，例如搭私人飛機旅行，或搭配一萬美元葡萄酒的頂級美食。如果他們想要讓女朋友留下深刻印象，就會花更多錢！

此外，年輕客戶更有可能回來找你，因此你要讓他們成為常客，在可預見的未來為你提供更多業績。

我有一位客戶ＪＣ，第一次只帶來三十萬美元的業績。但隨著他的財富增加，後來他光是單次賭注的金額，就超過六十萬美元！現在他每次造訪，都為我們帶來大約兩千五百萬美元的業績。隨著客戶的年齡和財富增加，他給你帶來的收益也會增加。

4. 種族和文化

信仰的形成不只靠自己。在文化方面，印度人和猶太人一般不像中國人或西方人那麼愛賭博。而在歐洲人當中，我注意到深色頭髮的族群更常賭博，或至少更願意嘗試，例如義大利人（事實上，賭場「casino」這個詞便是來自義大利語）。

如果你的潛在客戶屬於不常賭博的族群，就必須花費更多心力吸引他，但這是值得的。不過，凡事總有例外——所以要從個人角度，以及族群文化的角度，來了解你的潛在客戶。

5. 夢想和抱負

客戶的短期和長期計畫是什麼？是擴大業務、收購另一個企業，還是承擔更多對弱勢的社會責任？他們可能想要以貴賓身分進入一級方程式車庫參觀，或是和某些欣賞的名人共進晚餐。

如果你的公司有辦法使這個夢想成真，為什麼不試試看？

6. 財務狀況

你能給他多少信用額度？他是否瀕臨破產？你必須擁有足夠的知識，才能進行談判，並決定該採取何種手段。

請記住，**訊息永遠不嫌多**。無論你在這個階段學到什麼，都只是個起點，讓你和超級富豪之間能進行更密切、更貼近的對話。既然媒體曝光的是他們生活的一部分，為什麼不善加利用？

養成看金融資訊的習慣

在跟客戶會面前，養成快速瀏覽金融資訊的好習慣，尤其是與超級富豪的公司，或該行業相關的訊息。如此一來，你將有初步進展和現成話題。

如何讓鯨魚上鉤

1. 了解你的產品，針對客戶可能提出的問題做準備。如有必要，跟朋友進行問答的演練。
2. 前置工作：好好研究客戶，了解他或她所屬的團體。利用這些知識來計畫談話內容，這樣你就不會無所適從。
3. 利用傳統媒體和網路社群媒體蒐集訊息。資訊永遠不嫌多。

09

隱私至上，特別是超級富豪

社群媒體正在改變我們的溝通方式，以及別人看待我們的角度，造成的影響好壞都有。每次分享照片或更新狀態時，你都在為自己的數位足跡和個人品牌做出貢獻。

——美國作家、演講家和企業家／艾米·喬·馬丁（Amy Jo Martin）

我發現，金錢就像是這樣的女人：盲目追求她，她會靦腆的逃離你；如果不理她，專注於自己的偉大事業，她反而會突然出現在你家門口，求你讓她進來。

同樣的，跟追逐金錢無關；創建一個平臺找到立足點，提供消費者願意付錢的有價服務，錢就會自己來找你。

據說，最厲害的玩家本身並不提供商品和服務，而是提供管道，讓人們自己找到需要的商品。像是臉書（Facebook），世界上最大的內容和社群媒體（但它自己不生產內容）；優步（Uber），它自己沒有任何汽車；阿里巴巴（不直接儲存和運送產品）也是如此。

這跟賭場銷售，和為超級富豪服務有什麼關係？首先，我們必須意識到，跟以往相比，科技使我們更容易與他人建立連結，也讓我們更容易接觸到目標族群。

但如何運用這個工具，取決於我們。我們應該更大力推銷嗎？還是溫柔的誘導潛在客戶？

科技也縮短了學習週期。透過快速的推廣測試，我們知道什麼樣的貼文會吸引讀者（以及他們是哪種類型的讀者），並能在短短幾小時內調整，再進行另一次測試。實體店面要花好幾個月或好幾年才能做到的事，現在只要一下子就能完成。

關鍵是建立一個平臺，讓目標族群互相交流，或跟你聯繫。平臺建立的目的不是為了讓用戶獲得銷售訊息，而是為了擴大你的盟友網絡。這更像是一種分享，邀請他們發現更多驚喜。

跟超級富豪交手，隱私最重要

銷售賭場體驗，與銷售服飾、鞋子或手工藝品完全是兩回事，因此我們會利用不同的行銷平臺。雖然社群媒體效果不錯，但我們這一行有敏感性和法律限制，因此社群媒體不會是我們的主要宣傳工具。

超級富豪想要玩得開心，且他們很重視隱私。因此，我會盡量避免使用臉書。誤解太容易產生了——我不想被拍到跟其他女人在一起，我的客戶當然也不想。我曾聽說，有人因為一張不經意上傳到臉書的照片而導致感情破局。臉書允許在照片上打卡，因此用戶可以立即知道照片的發布位置。

這太容易出錯了。如果你在沒有文字敘述的情況下上傳客戶照片，八卦媒體會很開心，因為他們可以大做文章。事實上，有一個逃亡七年的逃犯，就因為在臉書發布一張晚餐照片後被捕！

YouTube、Instagram 和 Pinterest（按：以視覺化為特色，可讓使用者分享與蒐集圖像）也適用相同原則。這些社群媒體對客戶隱私造成很大的威脅。

LinkedIn 上有我的專業檔案，其他人可以藉此了解我的背景，並跟我取得聯繫。但我不會把它用於客戶宣傳，因為我的潛在客戶更傾向跟親友推薦或信任的人合作。其他人可以利用 LinkedIn 對我進行客戶研究，但我自己不會這樣做。

推特是一個有趣的案例研究。由於推文必須少於兩百八十字，心情和貼文必須非常精簡。因此，連結和影片是最重要的部分。

很多超級富豪，尤其是年輕的一輩，會利用推特向世界傳達他們的價值觀、需求和觀點。如果你積極跟他們的帳號互動，或轉發和回覆他們的推文，會額外加分。你甚至可以在會面時引用客戶的推文，關係會立刻變得更融洽，這樣不是更好？

而關於部落格，很多有錢的名人，包括客戶們敬仰的對象，都會在部落格發表他們的想法和建議。如果你的客戶這樣做，那將是個絕佳機會，能幫助你探索他的想法、研究他認識的人，並開啟和他的對話。

如果你的客戶提到，他有追蹤中的意見領袖，那個人很可能會有一個部落格，你可以去看看。

如果你想要自己經營部落格，也不妨嘗試看看——只要你保持專業，尋找合適的主題並持之以恆。

我知道很多人有臉書和其他帳號，他們會利用這些帳號跟朋友保持聯繫。只要你遵守以下規則，當然可以繼續使用：

1. 隱私至上，超級富豪非常注重隱私

在我們這一行，從來沒有人因為發文太少而惹上麻煩。即使你的領域確實會從社群媒體推廣中受益，也請留意不要透露個人訊息，或你和他人的日常行蹤，除非你的企業把這當成戰略的一部分（但賭場業肯定不會這麼做）。

因此，在跟超級富豪打交道時，臉書上只記錄你個人、工作以外的生活，並在工作和個人事務之間，劃下清楚的界線。即便如此，當你在洩露個人訊息和照片時，也要像在商業活動中一樣小心謹慎。

避免在照片中標注賭場名稱，並且將任何工作相關的事情視為你用臉書的禁忌。你的朋友和客戶會因此感謝你。

2. 保持專業

跟許多不幸的社群媒體用戶一樣，一位名叫凱特琳．沃爾斯（Kaitlyn Walls）的年輕單身母親，就因為臉書貼文太誠實而被解僱。

「我真的很討厭在托育中心工作……我討厭身邊圍繞著一群臭小鬼，」她寫道。結果她被網路酸民攻擊，托育中心的老闆迅速將她解僱。而沃爾斯解釋：「我只是在發洩情緒。」[21]

很多人因發文不當而丟掉工作，因為他們認為這只是單純開個玩笑，結果自己卻反而被當成笑話。[22] 並非每一次的解僱都是公平的，最好不要冒險。

---

21 多明妮克．摩斯伯根（Dominique Mosbergen），〈單親媽媽臉書發文稱討厭小孩而被解僱〉（Single Mom Fired From Daycare Center For Facebook Post Saying She Hates 'Being Around A Lot Of Kids'），《哈芬登郵報》（*Huff Post*），二〇一五年五月五日，詳見：https://www.huffpost.com/entry/daycare-worker-fired-facebook-kaitlyn-walls_n_7210122。

22 艾力克斯．布萊斯提（Alex Bracetti），〈二十五篇臉書貼文讓發文者被解僱〉（25 Facebook Posts That Have Gotten People Fired），刊登於 Complex Network 網站，二〇一二年五月十一日，詳見：https://www.complex.com/pop-culture/2012/05/25-facebook-posts-that-have-gotten-people-fired/。

重點是：點擊「發布」按鈕之前請三思。是的，這也適用於私人貼文——你的貼文隨時可能被人截圖，然後到處傳播。

現在的雇主和客戶，越來越習慣搜尋你的社群媒體檔案，因此請注意你將哪些資料設為公開。公開的意思是每個人都看得到，因此，請確認你發布的貼文，是會讓自己看起來更有能力和熱情，而不是反其道而行（如果你還是想發表訊息，可以分享有用的銷售策略和商業技巧）。

此外，尤其要注意與人心相關的問題，例如宗教和政治。遠離有爭議的話題，避免加入網路酸民之流也是明智之舉。正如米蘭達警告（Miranda Warning）所說的：「你所說的一切都將成為呈堂證供。」

3. 有疑慮就不要發文

社群媒體和電子郵件都一樣，不值得為了一條訊息賠上你的信譽。

有些人的訊息或發文，因為錯誤的原因被到處傳播，無論公平與否，他們剩下的人生都會這樣被記得。

正如反霸凌組織 Stand Strong 所說：「如果你正在考慮要不要發布某篇貼文，就乾脆不要發。」[23]

---

23 力克．胡哲（Nick Vujicic）臉書，〈Stand Strong USA: Photos〉，二〇一五年十二月九日。

如何讓鯨魚上鉤

1. 社群媒體是資產也是負債。你必須明智的使用它，並記住：它無法取代面對面的深入交談。
2. 許多意見領袖都有寫部落格或使用推特的習慣。看看他們寫了什麼，及時了解產業發展。
3. 根據公司、行業和目的，調整你社群媒體平臺的使用程度。保持專業，有疑慮就不要發表貼文。

第4章

想讓鯨魚上鉤，你得遵守這些原則

10

他們會觀察你如何對待周圍的人

人應該好好過生活，而不只是單純活著。我不會浪費時間延長生命。我會善用時間。

——美國小說家／傑克・倫敦（Jack London）

有錢人不喜歡浪費時間。而你也不該浪費時間。

我看過很多業務員去跟客戶見面後，卻毫無進展。

他們當然會有些額外的發現，比方說：「這個人的兒子個性真的很固執。」或是「他老婆比他還霸氣！」

「那他何時會安排旅行？」我問。

我得到的，只是他們的一臉茫然：「我不知道，我沒問他。」

會面不會自己發揮效果，必須讓會面成為廣泛戰略的一部分。我完全贊成結交有商機的朋友，等到時機成熟時再完成銷售。人與人之間的交際，每個都很重要，但一定有些交際更有價值，可以帶來更好的投資回報。

因此，**我會花時間評估潛在客戶是否值得我投注心力，為了做到這一點，我給自己三次會面的極限**。在這三次「積極接觸」結束後，我就會知道他對賭博有沒有興趣，或者他有沒有朋友可以介紹給我們。那時候，我就會決定要在他身上花多少時間。

沒有人喜歡浪費時間——但是，客戶當然不會成為喊停的人。你花錢讓他享受美食和娛樂，他為什麼要結束這一切？

身為狩獵者，管理獵物是你的工作。沒有人會租一艘漁船，只是為了碰運氣——他們會研究該用哪款釣竿和誘餌、最適合的釣魚地點，以及打發時間的方法，直到魚兒上鉤。他們會事先計畫好一切，以便讓事情順利進行。

而你必須完成所有的事前準備，然後盡你所能，妥善安排會面。

銷售過程就是不斷的協商，在開始、中間和結束時，每次會面都必須有完善計畫：

- 增加對超級富豪本人和他各種習慣的了解，這些是無法光從研究中得知的（很少人會承認自己曾在線上賭博，或在訪談時坦承自己喜歡賭博）。
- 在有錢人、他的家人和你之間，建立友誼和互相信任的關係。
- 說服超級富豪同意交易。計畫和說明越精準，越能掌握協商過程。

當然，在實際的會面後，事情並不會完全按照計畫走。但如果計畫夠好，就能適應不斷變化的情況，因為你已經事先考慮到各種可能性。

以先前提到的維多利亞的祕密時裝秀為例。請注意，我創造了一個需求——客戶想要門票，而且願意付出代價來拿到門票。問題是：代價是多少錢？他必須先投入最低金額，才能獲得資格，假設是兩百萬美元。我們不會說這是損失或風險，雖然概念一樣。而為了將兩百萬美元當作賭金，他必須先轉入合理的金額，以證明他能承擔風險，假設是兩千萬美元。

當客戶聽到這樣的數字時，他們會試圖討價還價：「一千萬美元可以嗎？」一旦客戶想要你提供的東西，並且願意跟你合作來獲得它時，就走到談判這一步。

此時，客戶跟你站在同一陣線。他真的很想來，但現在，你必須協調出一個公司願意接受的數字。他轉入的金額越多，對公司越有利，但對他來說風險就越大。如果他不願意在公司同意的範圍內妥協，你就必須進行內部協商——也就是說，讓主管相信他值得公司先讓步，引他上鉤，儘管投入的賭金比較低。

這時你該怎樣做？我必須再一次強調未來發展的重要性。公司資源有限，必須不斷吸引客戶才能生存。我會向老闆解釋，如果我們接受這個客戶，他可能會介紹其他客戶，為我們帶來更多收入。

數字是你的朋友。研究潛在客戶的人脈，了解他與誰聯繫，並利用這點。這次銷售結束後，記得評估這位客戶還能為公司帶來多少收入！你必須以此說服主管，提供他機票、娛樂，以及維多利亞的祕密門票，這些都是值得的。

你怎麼對待他人，超級富豪都看在眼裡

我最近在新加坡一家知名銀行開設資金帳戶。為了首次存款，我提出五十萬美元現

金，裝在袋子裡，前往我家附近的分行。我穿著輕便，負責服務我的營業員幾乎沒有多看我一眼。

「我想開戶，你們有提供哪些金融服務？」我說，手裡拿著袋子。

他沒太大反應，就像剛剛被分配到可怕作業的學生。我們交談時，我無法從他身上感受到一絲熱情，他對我很不耐煩。

最後，我直截了當的問他：「你要處理我的帳戶嗎？」

「不，應該不是我。我只負責處理高淨值客戶的帳戶。」

「恭喜，」我冷冷的說：「為了方便起見，我只要開一個帳戶，儲蓄用。」話說完後，我便把放在桌子上的袋子打開，露出裡面的現金。

他的眼睛睜得大大的。

「五十萬現金，」我告訴他：「你以為我來銀行沒帶錢嗎？」

「不不不！」他緊張的回應：「只是像你這樣的人，如果身上有錢，我們是感覺得出來的。」

「你的感覺錯了。」我心想。

他開始討好我，滿足我的每個要求。他自願處理我的帳戶，我沒有拒絕——畢竟，儘管他態度傲慢，但沒有對我造成實際的傷害。

無論銀行對他進行過什麼樣的培訓，在他身上都沒有發揮效果。顯然，他只把尊重和基本禮貌留給有錢人，就算我沒有當場給他難看，一定也會有其他人這麼做。

無論站在你面前的是誰，都必須以對人應有的尊重和禮貌對待他們。一天工作結束時，留下的可能只是一筆筆交易，但你與他人建立的關係，絕對會發揮重大影響。

記住，**有錢人通常觀察力敏銳——他們習慣接受別人的尊重，因此他們會觀察你如何對待遇到的每個人，以此判斷你是什麼樣的人**，包括接待員和同事，以及其他受僱員工，如保全或服務生。

想釣大魚，得遵守這些原則

你一定有過類似經驗：店家的銷售員或客服向你承諾某件事，回過頭來卻說無法兌現。當然，你會生氣和沮喪，而且你可能會考慮不再去那家店，或不再使用該供應商提供的服務。

賭場銷售也是同樣道理。當你和潛在客戶喝醉時，他可能會開始提出各種要求，例如免費食物和飲料、免費私人飛機，或為他們和他們的賓客提供伴遊。在那種場合之下，你會很容易屈服：「當然，沒問題，你說什麼我都答應。」

狩獵者經常忘記自己代表的，是一家資源和能力都有限的公司，面對客戶獅子大開口時，你不應該立即答應。如果你同意某件事卻又收回，不但不專業，且對公司和你都會造成負面影響。你的主管必須收拾爛攤子，因為不能讓客戶不滿意。類似的善後經驗我也有，但我會清楚表明立場，同樣的錯誤絕對不能再犯第二次。

我的建議如下：

1. 隨時保持頭腦清醒

了解自己的極限在哪，不要輕易讓步；在不清醒的情況下，絕不輕易承諾任何事。高檔餐廳、卡拉 OK、酒吧、飛行中的私人飛機，無論在哪種環境，商務談判的本質不會改變。潛在客戶總是想盡量拿到更多好處，他們會利用你的善意和公司的資源（甚至超過他們自己公司的資源）。有錢人會變有錢不是沒有原因的！

你和客戶可以維持良好關係，甚至成為親密的朋友，但商業交易必須以理性的態度看待。狩獵者必須保持精明，知道何時該禮貌的說不，也需要發揮情商、掌握說話的技巧，不讓雙方關係陷入緊繃。

2. 傾聽客戶需求

優秀的業務員會了解客戶的需求，並提供客戶選擇，跟客戶建立情感上的連結。假設我正在尋找可以安裝在牆上的平面電視，可是銷售人員向我介紹的，卻是最新但超醜的曲面螢幕，那不是我要的！**你跟客戶建立的關係，應該是一起探索需求，而不是直接推銷最新產品。**如果銷售人員有考慮到我的需求、預算和可用空間，並且對電視最新科技瞭若指掌，我就有可能跟他購買。

了解客戶的關鍵在你身上。在談話中，你應該積極傾聽，找出隱藏的線索，發掘對方的思考過程，並找出值得關注的重點。試著拆解對方所說的話——利用你對他的了解、他說過的話及之前得到的資訊，真正了解他們，並提出適當的問題。

花點時間認識他們，跟他們當朋友，了解他們在賭場或娛樂場尋找的，是哪一類的體驗。是為了找回年輕時充滿野心的日子裡，會遇到的風險和刺激？是要用幾晚的購物和娛樂，獎勵同事和朋友？每個細節都會影響你們的對話，以及你接下來要如何提出建議。如果你能提供他們最需要的東西，就會擁有無比珍貴的回報——他的友誼和感激。

3. 優雅的說不

不是直接拒絕客戶，而是根據你的知識，提出更好的建議。例如去澳洲旅遊的客戶，可能會要求昂貴的法國葡萄酒。你可以建議他們：「嘿，你現在人在澳洲，喝法國酒有點傻。為什麼不試試當地最棒的酒呢？」

我曾遇過客戶想要最昂貴的葡萄酒，例如每瓶四萬五千美元的羅曼尼・康帝紅酒（Domaine de la Romanée-Conti）。如果我無法滿足他的這項要求，我會換個說法：「我認為羅曼尼・康帝很棒，我自己也喝過，但我發現了一樣好的酒。或許羅曼尼・康帝只是名氣響亮而已？」接著，我就安排自己推薦的酒給他。

我還可以根據經驗推薦其他酒。**當你知道的越多，就能掌握更多讓客戶滿意的資源**

（再三提醒：永遠不要提到你推薦的物品成本較低，或是用「便宜」、「省錢」這樣的詞，這會讓客戶留下錯誤的印象）。

最重要的是，你代表的是一家企業，腦中應該隨時有成本概念——保持理智！

4. 誠實說明你能（和不能）提供的東西

同意你能提供的部分，並就你無法提供的部分協商；而超過權限的要求，要承諾對方你會盡快回覆。但如果這個要求，必須得到許多人的批准才能進行，給客戶承諾是沒有意義的，還不如就你可以提供的部分，盡量提出計畫並給予承諾。

例如，如果客戶是愛吃的老饕，你可以安排特別優惠的折扣，發揮餐飲的作用，讓他腦中想著即將享受的美食——如果他願意多來幾次，在美食上的花費就會越來越少。當你將客戶的要求提交給主管時，便可以將後勤（例如私人飛機）留到以後再說。

5. 隨時展現自信和專業

這件事不難，但要特別注意你的外表和舉止，並保持禮貌。

你會跟客戶約在各種場合見面，應該根據場合搭配穿著。比方說，我跟 W 先生約在他的辦公室碰面，我當然會穿西裝。他不需要穿得太正式，但如果你穿著 Polo 衫，或更隨意的衣服出現，就是不尊重他。因為你想從他那裡得到一些東西，所以假設你的地位較低，你反而應該穿得更正式（我希望我不必這麼說，但我還是決定說出來）。

你的西裝是什麼品牌並不重要——無論何時，佐丹奴（Giordano）或 Zara 的合身套裝，都比亞曼尼（Giorgio Armani）或路易威登（Louis Vuitton）等昂貴品牌的不合身套裝來得好。**超級富豪非常注重細節，請確保衣著乾淨，從西裝夾克到鞋子，且無論穿什麼品牌，都要保持自信**。

另一方面，如果你跟 W 先生約在高爾夫球場，那又是另外一回事了。正裝在球場會顯得太過突出，跟其他人一樣穿 Polo 衫和休閒褲就好。**關鍵是要懂得看場合，穿著舉止表現得體**。如果你想要凸顯自己、引人注目也行，但穿著還是要合乎邏輯。

此外，不要緊緊抓住客戶不放。你可能是在公司或家庭活動中見到他，而他的員工或家人也會在場。在每個人面前都保持專業，他們可能跟你的客戶有某種關係，當然要讓他們也留下好印象。

最重要的是，對客戶的私人助理或工作人員保持禮貌。他們是客戶時間的守護者，讓他們留下壞印象，可能會破壞你花上好幾個星期或好幾個月跟客戶培養的關係。

女士們：請務必跟客戶的妻子和女兒打好關係

對女性業務員來說，妳擁有男人沒有的絕佳機會。想想男性客戶生活中，女性對他的影響有多大——他們身邊的女性可能會突然說：「親愛的，我想去墨爾本購物。我喜歡那裡的天氣。」

客戶會如何回答？「當然，親愛的。我們出發去墨爾本吧！」這些女人會嫁給這些有權勢的男人，並成為他們的妻子和伴侶，不是沒有原因的！

每個人都應該跟客戶的親人打成一片，而**對女性業務員來說，能夠跟客戶的妻子、女兒和女性同事建立良好關係，是很大的優勢**。由於對性別的認知不同，男性業務員不太能花太多時間做這件事。

此外，有些掌握權勢的女性非常低調，我們可能會錯過認識對方的機會。

有次，我和一家知名銀行的董事長抽雪茄，跟他的朋友一起放鬆，享受美味的食物和飲料。一旁，他的妻子和女兒正在招待其他的女性客人。

就在我邀請大家小酌後，董事長轉向女士們的聚會。「嘿！」他對其中一個一直安靜看雜誌的人喊道：「我們能買到馬庫斯說的那些好酒嗎？」

「我不確定今晚要喝的酒夠不夠好，但我相信應該夠水準。」她說，然後繼續看雜誌。就像這樣，她保持足夠的警覺，立即回答客戶的問題，但不承諾她沒有把握的事。

整個晚上她一直在觀察我們，聽我們說話。但請注意——她並沒有對酒的事做出承諾（因為她沒把握），卻直接且堅定的表達了她的想法。

我只能敬畏的看著這一切。那位女士，是美國著名連鎖賭場的執行長！她的地位遠遠超過我和房間裡大部分的人，但她卻選擇待在女性的圈子裡，沒有打斷我們的談話。她不是溫室的花朵；在男性主導的賭場世界裡，她的命令沒人敢違背。然而，她也是我所認識最謙虛的人之一，為此我非常尊敬她。

關係銷售，是成為超級業務的關鍵

完成銷售有兩種方式——交易銷售和關係銷售。

當雙方都想要對方提供的東西時，就會達成交易。客戶想知道能去哪、用什麼方式玩得開心；而我們想知道如何達成客戶需求。

客戶對賭場的興趣，其實遠遠超出我們的想像！事實上，當我跟超級富豪接觸時，他們常會說：「喔，賭場的人我一個都不認識，但我一直很想去看看！」

完成交易時，三方必須確認各自都有收穫。我必須確認客戶值得信賴，付錢爽快；客戶必須確認，賭場能讓他和親人度過愉快的時光；公司則必須確信客戶會帶來收入。

交易銷售是指客戶被你提供的東西所吸引，無論是音樂會門票、鍍金的 iPhone，還是其他東西。除了他們跟你的關係，還有其他因素促成交易，而客戶也同意你的條件。

交易銷售的談判重點是營造驚喜，並提出每個人都同意的條件。交易本身是能否結案的關鍵——大約占了七〇%至八〇%，因為每個人都喜歡好的交易內容。

另一方面，關係銷售則是因為我們喜歡和某人合作，無論他賣什麼，我們都欣然接受，因為我們相信他會做好妥善安排。

在交易銷售中，客戶購買產品或服務，是為了自己的利益；而在關係銷售中，他們購買商品或服務，是為了讓賣方受益。

我認為，每次結案都應該是讓雙方滿意的好交易。畢竟我們花錢和投注資源，讓新客戶搭飛機來、招待他們、讓他們賭博，到頭來這一切是否值得？

然而，良好的關係銷售，則是區別普通業務和超級業務的關鍵。相信我，在一次次的結案中，如果你結案的次數比其他人多二〇%，你的主管一定會注意到！這就是讓你更上一層樓的關鍵。

事實上，有些有錢人只看關係。以下的例子是最佳說明。

我花了兩年，等到億萬富翁

我有一位客戶G先生，他是新加坡家喻戶曉的億萬富翁，也是一位有悠久、輝煌賭博經歷的老人——他賭博的時間，比我活著的時間還要長。而且，他每次都全額付清，從未欠賭場一分錢，也從未要求折扣或特殊待遇。

你可能會認為這樣的客戶很容易應付。完全相反！事實上，那些提出很多要求的人反而更容易合作，因為你很快就知道該如何滿足他們的要求，並讓他們一直來。但安靜的人堅持按自己的節奏做事，拒絕表態或表達喜好，這讓我們業務員內心充滿不安。

我在進入賭場銷售這一行之前，就聽過G先生的大名，但我們毫無交集。所以，當我們有機會邀請他過來的時候，我便想去見見他。

G先生忠於自己，他不會直接說他想要什麼，也從不要求這個或那個。他和我一起吃過很多次午餐，但他不喜歡欠人情——我們一起吃的每一頓飯，他都堅持付錢！

最困難的是，G先生對交易不感興趣，我該如何推銷？後來，我告訴他我的工作時，他的態度很冷靜。我試著問他：「G先生，讓您來賭場有什麼條件嗎？我們能為您做點什麼嗎？」

「不，沒關係。你提供什麼，我都照單全收。」

但我完全不知道他想要什麼，也不知道如何才能安排出他真心喜歡的體驗！我試著提供昂貴的柏圖斯（Petrus）葡萄酒，但他不在乎。「沒問題，但我習慣喝奔富（Penfolds）

之類便宜的葡萄酒。我不太愛喝紅酒——我喜歡啤酒多一點。」

我得承認，我遇到了麻煩。於是，我發簡訊給他：「G 先生，我們跟奔富有個特別的合作。我們將為您提供一頓精選晚餐，並在三瓶白金酒款上印上您的名字。」

不到一分鐘他就回我了：「我更喜歡別的東西。謝謝！」

因此，我決定退出銷售。請注意，我仍然保持真誠的態度——我真的很喜歡和他在一起，並下定決心更了解他。

兩年過去了。他應該滿喜歡我的，因為我們幾乎每週都共進午餐！雖然有一部分的原因是，他的辦公室和我的辦公室在同一棟樓，就在隔幾層樓的樓上。

「馬庫斯，讓我們去你的賭場一趟。」他終於說。

「當然，G 先生。發生了什麼事？」

「距離我上次去賭場已經很久了。我們走吧！」

我怎麼能拒絕？「我能做些什麼來改善您的體驗嗎？」我問。

G 先生揮揮手。「不，沒問題的。自從我們第一次見面以來，一切都很好。我知道自己在尋找什麼，而你做得恰到好處。我不需要別的！」

於是我們去了賭場。他在那裡賭博，輸了很多，贏得更多。後來，我們留下來喝酒，G先生開心的大喊：「馬庫斯！」聲音穿過整個房間。

「是的，老闆，」我回他：「有何吩咐？」

「很好，馬庫斯。你很好！」他大喊大叫，聲音大到他的朋友都聽到了！他一定是怕我們聽不到他的聲音，於是他又喊了兩聲。

我只能咧嘴大笑。「你這個狡猾的傢伙，」我心想：「你竟然花了兩年的時間來衡量我！」

有時，你除了等待別無選擇。**如果付出有回報，你就會得到回報。如果沒有，還是請保持誠實和真誠——否則你的真面目很快就會被拆穿**。有錢人閱人無數，才能爬到現在的位置。

一個有趣的後記：四個月後，G先生答應我們再度回到賭場。但就在他準備搭上午九點的航班前，出了問題，公司的飛機無法及時起飛。

「你能把G先生的航班換成下午兩點嗎？」同事問我：「這是我們能安排最早的航班。」賭場願意提供他五萬美元作為補償。

「老闆，」我說：「我們遇到一點問題，只能幫您安排下午兩點的航班。造成您的不便，我們願意提供五萬美元的補償。」

只是延遲一點時間，大多數人會接受這筆錢，但他不是這種人。「你認為，五萬美元就能讓我答應搭下午兩點的航班？」

他的堅定神情告訴我，最好不要繼續堅持。

「忘記我剛剛說的話，」我說：「讓我們以其他方式，為您安排上午九點的航班。」

「很好。」他回答，事情就這樣結束了。

有些人會被金錢和禮物誘惑，有些人則不會。G 先生的時間，是無法用金錢買到的，他想去哪裡、什麼時間去，就是得順著他。我沒有繼續反抗或爭論，而是理解他是個重要的玩家，我們應該配合他調整。

直到今天，只要他想來賭博，或只是跟我吃頓午餐，我都會挪出時間配合。畢竟他是個好叔叔和好朋友，我沒有理由拒絕。

如何讓鯨魚上鉤

1. 銷售時，應該著眼於你跟客戶的關係、你在公司內可運用的資源，以及你的專業行為。
2. 把三次會面原則視為工作指南。在每次會面結束時，列出待辦事項清單，讓你能快速決定是要先暫停觀察，還是繼續進行。
3. 會面是絕佳的機會，能幫助你了解客戶想要什麼、什麼是推動他們的動力。提出獎勵方案，跟客戶一起計畫如何合作，以實現他們的夢想。
4. 銷售分為交易銷售和關係銷售。所有的銷售都應該是讓雙方滿意的好交易，而跟客戶保持緊密的關係，則會自動推進銷售流程。

11

不要比價格，要比無價的體驗

水無形無相。你把水倒進杯子，它就變成杯子。你把水倒進瓶子，它就變成瓶子。你把水倒進茶壺，它就變成茶壺。水可以自由流動，也可以滴水穿石。活得像水一樣吧，朋友。

——香港武術家、動作片演員／李小龍[24]

還記得三次會面原則嗎？這是銷售的起點，但規則不是一成不變的。

24 引自二〇〇〇年上映《李小龍：死亡遊戲之旅》片中訪談，維基語錄，詳見：https://en.wikiquote.org/wiki/Bruce_Lee#Quotes。

比方說，我並沒有把這個原則用在G先生身上，而且我第一次在賭場嘗試向他銷售時，就失敗了。L先生的情況也類似這樣──我知道必須先贏得他的信任，並成為他的朋友，然後才能向他銷售體驗。

每個人都不同，會對不同的方法產生反應。例如先前曾介紹的DISC分類是個很好的起點，背景研究則會透露更多可以整合的訊息。事實上，一旦開始第一次會面，你心中就應該有粗略的想法：從頭到尾該如何銷售，並在推進的過程中，使用你所掌握的技巧加以改進。

但基本結構是不變的：盡可能了解客戶、評估客戶、跟客戶交朋友，然後──到了這時候才可以──銷售。

你應該從第一次會面，就開始評估客戶。從你們的互動中思考：應該積極一點比較好，還是慢慢來？如何處理過分的要求？是開玩笑的說：「去你的，我辦不到。」還是妥協：「我相信我們可以想出辦法，這是我該做的。」甚至，之後再討論也沒關係，一旦情況失控可以先離開。

事實上，表明立場反而能讓潛在客戶認清現實。你可以堅定的說：「我沒辦法再做什麼了，這是我的極限。你可以選擇接受或放棄。」

基本上，銷售是無法強迫進行的。這是你跟客戶共同創造體驗的協議，因此，請確定客戶有考慮到強行達成目標的好處和可能性——這不只是你自己的問題。

盡力達成交易，但不要害怕放棄

許多人出於本能，害怕那些比我們更有權威的人——他們是受人擁戴、大權在握的成功人士，受到所有人尊敬，而且會適時給予他人恩惠和懲罰。

但你不必害怕超級富豪，因為他們跟你我一樣都是人。他們可能擁有更多金錢和資源，但這並不代表他們比你更好或更差。

相反的，**你需要的是信心。對自己、產品和主管讓你發揮的空間充滿信心**。如果你真的覺得，客戶要求的比你能提供的多，而且你並不想用糟糕的交易來敷衍他，請保持立場堅定，不要退縮。

如果你必須與老闆進行內部協商，就大膽去做——但前提是客戶真的能為公司帶來業績，無論是他自己賭，或是他推薦其他人來賭。

銷售是在客戶需求和公司資源之間取得平衡。如果潛在客戶想要的，比我們準備給他的還多，我們的工作就是向公司證明完成交易是合理的。如果你真的相信客戶有那個價值，並且從長遠來看能增加公司的利潤，就應該盡力嘗試，從各種角度去說服主管。

首先，跟客戶合作，並找到折衷方案。接著跟主管合作，達成妥協。考量客戶想要盡量得到所有好處，而公司則著眼於收入、利潤和付出的成本，在兩者之間找到平衡。

盡力完成每筆交易，但不要害怕放棄。從長遠來看，我寧願失去一筆糟糕的交易，也不願意完成交易卻損失更多。

不打價格戰，創造無價體驗更重要

套裝規畫、產品差異和提供一流的服務給客戶，是我能夠完成銷售的主要原因。因此，我鄙視價格戰和愚蠢到參與其中的業務員。

如果客戶提到，你的競爭對手提供更便宜的價格或更好的福利，千萬不要上當。這時，你要做出產品差異化，讓客戶知道，你的公司更能提供他想要的東西。

以下是我面對這種情況的處理方式。假設我提供兩萬美元的折扣，而客戶說：「另一家公司提供我三萬美元的折扣。」

我會回答：「真的嗎？哇，這麼棒的交易我也想要！我能跟你一起去嗎？」

此時客戶通常會猶豫。原諒我這麼說，但這時我就知道，他並沒有說出全部真相。但請記住，客戶也是人。這跟在菜市場買雞買魚討價還價有什麼不同？人們總是會貨比三家，尋找最優惠的價格。

當然，他們希望能保有尊嚴。於是我禮貌的提出另一個提議，然後不著痕跡的繼續提到我的公司能提供的福利。情況大概是這樣：「老闆，我承認那個交易不錯，你也可以接受。但是，你還是在新加坡，賭完後還是得回到原來的工作。我的提議是飛到墨爾本度假。你會看到雨和雪從天空一起落下。你會在菲利普島看到企鵝。你的孫子會很高興！他的笑容是無價的！」

請注意說話技巧。**對手的價格比較好，我不對此提出反駁，而是把話題轉向客戶的整體體驗，在他的腦海中創造出超越競爭對手的印象**。價格只是整個討論過程中的一個因素，我希望他察覺，他能得到的體驗會更有價值。因為他本能的知道快樂無價，而他和所愛的人都能得到快樂。誰能替快樂決定一個價格？

另外，業務員就像變色龍，你應該跟客戶在同一個層級交談。許多超級富豪，尤其是白手起家的那些富豪，受教育程度相對較低，靠著辛苦工作才爬到今日的地位。他們的說話方式和品味將反映這一點。

試著跟他們說相同語言。如果潛在客戶說話時夾雜方言，而你也懂方言的話就可以仿效——對中國客戶來說，即使你只會說基本的閩南語或粵語等，也能創造奇蹟。在事前研究中，你應該先準備好他們說話模式和偏好的範例，盡量多學習，並使用他們理解的術語。

業務員就像變色龍，能夠結合研究、技巧和公司資源，真正了解客戶的需求，跟客戶交朋友，最終完成銷售。

這過程需要很多時間和練習，如果一開始情況不如預期，不要放在心上。你一定會越來越進步，過程也會變得更快、更順暢，而你花在盲目探索和白費力氣的時間，也會慢慢減少。

面對危機，承認錯誤，盡快找到解決方案

雙方握手、在虛線上簽名達成協議後，你的職責不會就這樣結束。從很多方面來說，這都只是開始——你已經銷售體驗的藍圖，而現在必須付諸實行！從接受委託，變成主辦人。任何事都可能出錯，但是只要你保持冷靜，跟同事、員工保持合作，並關心每個人，事情應該會順利進行。

這就是培訓服務團隊的目的，請相信專業人士。這就像一部電影，公司是製片人，你是導演，服務團隊是劇組。他們會幫助你，讓你跟大明星（你的客戶及其親友）建立的願景成真。

但危機隨時可能發生，有時甚至是完成交易的很久以後。我曾經跟某個客戶關係很好。在過去的時間，他一直是個大膽的賭徒，因此我總是很熱情接待他。

有一天他告訴我：「馬庫斯，我要介紹一堆朋友給你。找個時間讓他們來玩吧。」我跟主管不可能拒絕這樣的引薦。「太棒了！帶他們來吧。」我們談了一筆交易，因為他是非常可靠的客戶，於是我們給每個人很高的信用額度。雖然我無權批准，但我

建議主管同意，而他們也照做了。

但隨後悲劇發生了。八個人當中，有六個人拖欠帳單！總缺口高達兩千萬美元，我必須負責收回這筆款項。違約對公司來說損失重大，但我仍盡量保持冷靜。

我是如何解決問題的？**首先，我承認錯誤**——我太信任這個客戶，讓他的親友得到過高額度，而且還賴帳。我可以怪東怪西，但我選擇承擔所有的過錯，並聽從公司的指示到中國去見他，想辦法收回帳款。

事實上，我可以選擇辯駁，並把矛頭指向主管：「批准這筆交易的人是你，不是我。」但這樣做，無助於解決問題。我寧願選擇盡全力彌補過錯。直到今天，只要一見到那位客戶，我都會要求他盡快還清債務。

重點是盡快從「這是我的錯」，轉為「讓我們想辦法彌補」，才能走到下一步——想出解決方案。每個人都希望問題得到解決，而不是把錯都怪到某人身上。就算我是代罪羔羊也沒關係。提供解決方案，而不是互相指責——**請記住，無論情況有多糟，你和主管都是同一國的**。

最後，**建立經得起各種危機的良好聲譽**。如果在你首次跟客戶坐下來談話之前，就已經完成八〇%的工作，那麼危機所造成的長期影響，完全取決於主管對你的評價。你是個有團隊精神、願意解決問題的人，還是一個只會抱怨、放大問題的人？你會帶來新客戶，並讓他們成為常客，還是只會為自己的表現不佳找各種藉口？

如果你沒有從主管那裡贏得信任，就不要指望他們幫你收拾爛攤子。你之前有過的良好表現，會讓他們願意跟你並肩作戰，而不是只考慮如何減少你造成的損失。

這就是我不斷拉到生意，並獲得自由和資源的方法，公司相信我會做得很好，即使這筆債務永遠不會清償。

「給我足夠的空間，我才能好好發揮，」我誠實的告訴他們：「如果你想他媽的什麼小事都管，就不要怪我的業績不好。但如果你給我自由和足夠的資源，我會讓你見識到最好的業績。」

而我辦到了，你也應該這麼做。

信任是一點一滴累積出來的。考慮日常決策會對長期成果造成什麼影響，並專注於跟主管和部屬建立牢靠的工作關係。確保當危機來襲或往下一步邁進時，每個人都知道會有人扛起責任。

如何讓鯨魚上鉤

1. 方法並非一成不變，包括我提到的三次會面原則也是。每次跟客戶的互動都不一樣，因此請做好準備，並隨時調整腳本和計畫。
2. 對自己和提供的服務充滿信心和驕傲。你正在跟客戶建立關係，並提供他們想要的東西，好好表現！
3. 金錢只是銷售的一小部分。如果你能提供客戶真正想要的東西，價格的影響就會降到最低。
4. 解決問題的最佳方法，是事先建立良好聲譽、承擔責任、承認錯誤，並努力尋找解決方案。

12

說「不」是必要的，關鍵在於你怎麼說

理論上來說，你會活到死亡的那一刻。活著的時候盡量保持開心和愉快，因為你不知道死亡是怎麼一回事，我猜不會太好過。

——厄文．威爾許（Irvine Welsh），《猜火車》（*Trainspotting*）

漫威電影《鋼鐵人》（*Iron Man*）的一開頭，鋼鐵人東尼．史塔克（Tony Stark）和他的團隊正在飛機上開盛大的派對，大家都玩瘋了。小丑從機艙後方出現，空服員開始大跳脫衣舞，每個人都玩得很開心。

這部電影的開頭雖然看似誇張，卻與現實相差不遠。

曾經有位客戶找我參加一個男孩之夜……那是一些「大男孩」，他們的淨資產遠遠超過你想像。我預訂了一架私人飛機載他們飛來飛去，結果不只是一晚的狂歡，而是四個難忘的夜晚。我們在澳洲到紐西蘭的航線上飛來飛去，有數不清的瘋狂派對——不是在夜店，就是在去夜店的路上，或是在回去搭飛機的路上！

每隔幾小時就會產生巨額帳單，客戶簽名毫不猶豫，彷彿帳單上的數字沒有意義。到了四天狂歡的尾聲，每個人都筋疲力盡，對這次旅行幾乎沒有留下任何記憶，需要休息一週才能恢復。

「到底發生了什麼事？」他們不斷的互相詢問（當然，全程保持清醒的我，知道發生什麼事）。

不過，類似這樣的活動其實不太尋常，就像小時候不讓你吃甜食的媽媽，突然讓你吃冰淇淋一樣。我們的交易更有可能在餐廳、咖啡館或夜店進行。有一次，我在印尼一家卡拉OK的其中一個房間跟客戶會面，客廳有電視，還附設好幾間臥室和衛浴。這個地方的配置，是為了讓你舉辦完全獨立的派對，食物、飲料、性和娛樂一應俱全！

在我們這一行，無論什麼任務，我們都能完成。其中一次在澳門舉辦的盛大花園晚宴，讓我感到特別自豪。我們訂下整間四季酒店，把大廳和花園變成一個大宴會廳，有古典弦樂四重奏、表演和舞蹈。晚餐是八道最好的中國菜，例如鮑魚和魚翅。與會者都是社會名人，包括人人都認得出來的電影導演和演員。

此外，**汽車是客戶的最愛**，我們曾舉辦過一次保時捷試駕活動，客戶直接從酒店搭乘直升機前往賽道。

我們還讓藍寶堅尼沿著大洋路（The Great Ocean Road，澳洲沿海行車公路）行駛，這條高速公路從墨爾本出發，連結阿波羅灣（Apollo Bay）和洛恩（Lorne）海濱社區，以及被稱為十二使徒岩（The Twelve Apostles）的知名旅遊景點，沿途風景如畫。客戶享受駕駛體驗時，我們則安排人員在休息區提供茶點。

這些只是我們能籌劃的活動，其中的幾種而已。正如我說過的，在任何我們公司有營運的地方，超級富豪只要開口，就能得到任何活動的門票。無論是澳洲網球公開賽、澳洲一級方程式大獎賽（在墨爾本的阿爾伯特公園〔Albert Park〕賽道舉行）或是年度純種馬賽事墨爾本盃（Melbourne Cup），我都曾經幫客戶弄到前排和後臺的門票。

如果客戶要求「附加服務」

我們的原則是不直接處理色情行業——即賣淫和娛樂性用藥，這些絕對不能碰。我們的底線是安排伴遊，但不能讓性利益和藥物濫用弄髒我們的手。

如果客戶想要這些服務，請讓他們自己安排。對提出這些要求的客戶清楚表明立場，這種附加服務不在你的服務範圍內。

如果你不知道該在哪裡劃清界線，跟你的導師聊聊，了解他們如何處理這種情況，並根據公司規定和你自己的原則，決定該怎麼做。

有錢人的世界很危險，記得保持清醒！

愛麗絲沒有忘記，如果喝太多標有「毒藥」瓶子裡的東西，身體一定會不舒服，這是遲早會發生的事。

——路易斯・卡洛爾（Lewis Carroll），《愛麗絲夢遊仙境》（*Alice's Adventures in Wonderland*）

看過迪士尼的《小美人魚》（*The Little Mermaid*）嗎？電影情節由美人魚愛麗兒（Ariel）對人類世界的憧憬推動，其中以艾瑞克王子（Prince Eric）及船員的船最具代表性。她看著艾瑞克和朝臣，生活在一個自己永遠無法進入的世界……除非她與章魚海巫烏蘇拉（Ursula the Sea Witch）達成協議。但眾所周知，進入人類世界的代價幾乎毀了她，並將她所愛的一切置於可怕的危險之中。

來自普通背景的我們，看到有人在幾小時或幾分鐘內，就花掉我們一輩子也賺不到的錢，心情跟愛麗兒並沒有什麼不同。數千萬美元，有錢人卻不當一回事。「我這麼辛苦工作到底是為了什麼？」我們會忍不住這樣想，於是變得像愛麗兒一樣，痴迷於另一個看得到但永遠無法進入的世界。

銷售團隊通常都是直接跟超級富豪打交道。我們就像兩棲動物，出於工作所需，自然而然的適應他們的世界。但這也必須付出代價。

銷售過程中會發生各種事件，好事、壞事都有。會不斷有人跟你敬酒，如果你不努力保持理智，相信我——你會崩潰的。有錢人賭注金額驚人的高，派對規模之大也是你從未想過，不少業務員因此陷入狂歡和酗酒的生活，不知不覺就被自己的習慣毀了。許多人的職業生涯始於辦公室，前景一片看好，結果卻變成戒酒中心裡的一團爛泥。

超級富豪的世界有危險，身為第一手見證人，我想要分享生活的美好，也想要發出友善的警告。我們負責為客戶分配資源，提供服務，但我也曾聽過有客戶故意向業務員兜售毒品、酒精和性交易，只希望能從業務身上榨取一些額外的好處！

但是，**生意就是生意，你絕對要避免讓自己上癮，永遠保持頭腦清醒**。當你無法完全控制自己時，就不要輕易給出承諾。這個原則永遠適用：同意你能做的，在必要時進行談判，並將超出你權限的事情向主管匯報。

多年來，我一直有酗酒的習慣，過去幾年我開始意識到我的肝臟已經壞了。我正在努力戒酒——如果我再喝酒，會面臨肝硬化和嚴重的健康問題。

在銷售上，降低你對酒的警戒，對客戶絕對有利，因為他能藉此讓你同意，在你清醒時絕不會同意的事。我必須面對再次打開酒瓶的巨大壓力，但我清楚知道，我想要看到孩子成長、看到他在未來成功；而不是在此時此刻，只為了完成交易而再度酗酒。

所以，我會有意識的避免在銷售時喝酒。這麼做會導致兩難的局面，因為喝很多的客戶，會一直喝到昏倒在餐桌上——然後堅持繼續唱卡拉ＯＫ，或做任何他們想做的事。這時，我必須運用柔道式對話，才能讓自己保持健康、體面和清醒。

會面前，了解你的酒量極限，並確保你不會超過這個極限。不用說，酒後不開車，就算只喝一點也一樣。

當你受邀時，訣竅是宣稱不喝酒的決定，是你對親人的責任，而不是因為別人的擔憂。不要說：「我不能喝酒，我太太叫我不要喝。」（如此一來，他們會說：「你這個怕老婆的傢伙。」）

你不如這樣說：「先生，我今天吃了藥，不能喝酒。喝酒會影響我的健康。我有一個才十歲的兒子，我還不能死。」或是：「我正在戒酒，因為我的肝已經壞了。你看看我的臉。」

更好的回應是，將重點重新放在客戶和他想要的東西上。你可以提醒他，你正在安排的福利，接著說：「老闆，我喝酒的話會完全失去控制。我想幫助你和你的朋友拿到最好的交易，所以我必須非常專業、冷靜和有說服力。我必須保持清醒的思考。」

原本客戶只注意到你很聽老婆的話，現在你已經把對方的注意力，成功轉移到你能夠讓自己保持健康和做好工作之上。客戶就變成你的盟友，而不是你的對手。這樣做真的有效！

保持冷靜，把顧客想要的東西放在首位，你被勸酒這件事，不會妨礙你想提供給他的東西。**記住——有時候說「不」是必要的，重要的是該怎麼說。**

如何讓鯨魚上鉤

1. 努力保持理智。因為光是清醒時能理解你的承諾和後果，就已經夠難了。
2. 關於酗酒等惡習，遵守公司指示，不要讓自己上癮。
3. 如果你不能喝酒，請說出你對客戶、你自己的健康或你所愛的人必須承擔的責任，並優雅的拒絕。

第5章

單打獨鬥很累，我決定跳槽當主管

13

我到新公司上任第一年，業績就增長六七%

最好的投資，就是自己。提升你的能力；能力不會被課稅，也不會被奪走。

——華倫．巴菲特

那天的情景歷歷在目，我開車去我第三家公司、位於澳洲雪梨的總部和賭場。那是我第一次看到它。「這地方看起來就像工廠！」我還記得自己當時是這麼想的。

這不是第一次了，我懷疑自己離職的時候，心裡到底在想什麼。我的第一份和第二份工作，是在豪華酒店為客戶提供量身訂做的體驗，那是賭城大道（Las Vegas Strip）上最棒的建築。如果你去過棕櫚樹賭場渡假村（Palms Casino Resort）、盧克索酒店（Luxor Hotel）或美高梅大酒店這些地標建築，你就會知道我在說什麼。那裡的客戶會得到皇室般的待遇，備感尊榮。現在我卻在這裡，必須說服客戶接受他們不習慣的較差待遇。

就算是最厲害的賭場公關，突然被迫在一個更小、更普通的地方工作，想必也無法習慣這樣的改變。

我不得不提醒自己要接受現況。畢竟，這裡仍是澳洲最大的賭場之一。而且我也發現，必須先幫助這間公司重建管理文化，才能充分發揮潛力。

我在本書中談過一些原則，而在這裡，將是它們的終極考驗。盡量用最好的體驗吸引客戶是一回事，但如果這間公司還在剛起步的階段，而我需要客戶協助我一起讓這間公司成長呢？我必須運用所有的人脈、付出熱情、全心奉獻，而我內心的某個部分，的確渴望再次接受挑戰。

你有多難被取代，就是你的價值

我不會說自己馬上就領悟其中的道理。工作倦怠總是不知不覺找上你，如果你不找新的方式來激勵和挑戰自己，你會發現自己被困在同一個角色中，年復一年做同樣的事情。我曾經讓前公司賺大錢，但我想測試看看如果掌管更大、業績要求更高的團隊時，我的能力能到哪裡。

簡單來說，我想測試自己是否擁有更努力、更聰明工作的想法和意願。畢竟，我真的相信沒有糟糕的產品——只有糟糕的業務嗎？在前公司工作的最後一年，我是拖著腳步進辦公室的，這表示公司已經不能再給我什麼了。沒有更高的職位可以讓我往上升，所以我跳槽到能給我更多晉升機會的新公司。我一直在挑戰我的小團隊，現在是時候挑戰自己了。

總之，我想要提升自己的價值。古老的格言是正確的——**你的報酬不是基於你工作有多努力，而是你有多難被其他人取代**。你獲得的經驗和智慧越多，能帶給雇主的就越多，你越能證明自己的存在。對公司來說你越有價值，他們就能委託你做風險更大的決定。你的薪水正是反映這一點。

這樣說並不是看不起行銷專員或清潔工，但事實是，儘管他們的服務很重要，卻很容易被取代，報酬也比不上醫生或律師，畢竟醫生和律師能提供更有價值的服務，而且必須經過多年的辛苦訓練，才有資格提供專業協助。健康和專業聲譽，或是工作場所的清潔度——如果你只能選其中一種獲得協助，你會選擇哪一個？

「給我一個機會。」我對招募我的團隊執行長說。於是，我被任命為國際業務高級副總裁（這個職位比我以前好很多，而且我很快就升任總裁），並擔任地區的管理職務。東南亞地區的業務由我負責，新加坡、印尼、馬來西亞、泰國、菲律賓等地區的團隊負責人，都在我的管轄之下。這約占公司營收的三〇％。

突然間，你不是唯一能帶來業績的人，還有其他人一起貢獻業績時，你應該採取什麼態度來領導團隊？如果你的成功，取決於你投入工作的心力，該如何激勵其他人也這麼做？

如果沒有決心把事情做對，就算擁有世界上最好的原則也毫無意義——畢竟，在這種情況下，這些原則只不過是建議！

我就是這樣將業務擴展到整個東南亞，甚至還進軍中國和澳門。我是不是踩到同事的地盤？答案是肯定的。但我知道，其他團隊的成員不分層級都支持我，因為我有辛苦賺來的實戰業績作為靠山。**在我上任的第一年，業務就增長了六七％！**

我以前的許多客戶都來自這些地區，我很感謝他們幫了我一把——由於我們關係良好，大多數人都願意伸出援手。雖然短期內可以引入不良信用客戶（就是不償還債務的客戶）來誇大數字，但我們並沒有這樣做。

傑出的行銷人員也一樣，我想要為你和我自己創造前途。我們很有價值，因此許多公司都想要我們，而不是避之唯恐不及！

我想要善用自己說過的技巧，把這些技巧教給我的團隊成員，並對他們的表現負起責任。我這樣說不是為了吹牛，而是想展現這些技巧的效果。無論他們是否喜歡我這個人，我們都有業績作為鐵錚錚的證據，沒有爭論的餘地。

我到職時，團隊只有八個人；隨著業務擴大，逐漸增加到約三十人。我的工作便是讓他們發揮出最好的一面。我在到職培訓期間，計算銷售數字時，便掌握了他們的「還好」標準大約到哪裡（每間公司的標準不同，但你確實需要設定合理的目標）。我的目標是實現超出預期的目標，我希望這也是你的目標。如果你有認真閱讀這本書，我相信你會同意，只達到要求的最低標準是不夠的。

此外，我曾說過，必須理解並管理主管的期望，但升職就意味著部屬會被你所做的事情影響——畢竟，領導就是這麼一回事。擁有傑出業績的業務員，經常有機會被提拔為主管，儘管必須具備的能力完全不同。

在管理培訓中，最後的失敗經常被稱為彼得原理（Peter Principle），以首位提出這個概念的加拿大學者勞倫斯・彼得（Laurence J. Peter）的名字命名，內涵如下：

在層級組織中，員工通常會晉升到自己無法勝任的職位。每個職位最終都將被無法勝任其工作的員工占據。

前美國海軍海豹部隊隊員喬可・威林克（Jocko Willink）觀察到一個重要的事實：**如果你上面是個不稱職的領導者，反而提供一個絕佳機會，讓你能領導自己和隊友。**[25]任何層級的領導者，都必須具備的重要能力，就是無論情勢好壞皆能利用。

擁有一個強大、能激勵部屬的主管（我認為很少見）當然是件好事，但如果主管不夠強勢，未必是許多人認為的缺點。他或她反而提供你表現的機會。比如，我的新主管就是這樣，讓我能很早就做出許多艱難的決定。儘管有能幹的人為他們工作，但他們卻經常提出反對意見，並堅持維持現狀。

所有的跡象都顯示，公司有能力做得更好。而我想知道改變現狀、剷除舊習和激勵表現最好的人，是否會讓公司變得更好。如果管理者沒興趣找出問題所在，就讓我來。

同事喜不喜歡你，跟你們的合作無關

儘管我的能力已備受肯定，但公司裡有些人從未聽說過我；更糟的是，有些人將我視為威脅，怕我搶走他們的潛在客戶，我必須贏得他們的尊敬。我必須非常成功，無論他們喜不喜歡我這個人，都必須跟我合作，才能取得成功。正如我曾經說過的，友誼是美好的，大家都想擁有，但前提是雙方都能實質受益。

25 喬可．威林克、萊夫．巴賓（Leif Babin），《主管這樣帶人就對了：向海豹部隊學習管理之道，讓部屬願意跟著團隊方向前進》（*Extreme Ownership: How U.S. Navy SEALs Lead and Win*），聖馬丁出版社（St Martin's Press）出版（繁體中文版由久石文化出版），二〇一七年。

經過思考，以下原則能實現我所提過的銷售技巧，而且能延伸到小團隊、部門和公司層級：

1. 賦予部屬權力，樹立正面榜樣

團隊領導是透過賦予成員權力、培訓他們、確保有合適的目標讓他們努力，最後使團隊獲得最好成果。無論出現什麼問題，你都有責任回應。就像我之前檢視不同類型的有錢人一樣，你必須檢視各種情況，並授權給團隊解決問題。

你必須持續與隊友保持合作，一起找出優缺點，積極溝通，確保無論結果如何他們都信任你，並為他們樹立正確的榜樣。**我之前說過，永遠不要在客戶面前說「我不知道」——在部屬和主管面前，你也必須這麼做**。當我們看到有人把錯都怪到別人身上時（即使他們本身的確沒有錯），我們也理所當然認為他們將來會把別人推入火坑。

我遇過太多樹立負面榜樣的主管，而我自己這些年來，偶爾也無法達到這些高標準。不過，建立高標準但有時無法達到，還是建立低標準但每次都能輕鬆達成，你認為哪個比較好？

2. 主管、同事、部屬的全方位管理

靠自己取得銷售業績，並讓客戶留下深刻印象是一回事；但在主管和部屬的監督下做到這一點，又是另外一回事。實際上，你必須管理主管、同事和團隊成員。讓團隊發揮最大潛能，包括讓你們的期望和目標保持一致，並與他們一起規畫和執行。

當然，和你喜歡且可以共事的同事一起做這件事，就已經夠難了；萬一你們都討厭對方該怎麼辦？我在新公司也遇過類似的主管。但無論你跟同事的關係如何，我所說的技巧都能派上用場。

跟同事就像朋友般相處當然有所幫助，但這不該是決定成敗的因素。應用這些技巧，排除個性上的差異，你們仍然可以朝著共同的目標努力。

3. 即使沒有你，團隊也能繼續運作

如果團隊的成功，完全取決於一個人或一個小組，這就像試圖以一個點來平衡金字塔。你不會永遠待在那個職位，如果你沒有建立一個自己離開後還能運作的小隊，那麼這就不算是你的團隊。

即使你脫離工作，團隊也還能繼續運作，才是成功的領導者。這表示：自負在職場沒有立足之地。你的自負可以在開車時展現，而且也能讓你遠離不好的事或人，但不應該讓自負處於工作的主導地位。

4. 以自己希望被對待的方式，對待別人

即使我不在辦公室，也會透過 Zoom 或 LinkedIn 等工具，跟員工和客戶保持聯絡。曾經有個團隊成員想離開，我花很多時間挽留他，但沒成功，最後我還是為他寫了書面推薦信。

原則很簡單：**我以自己希望被對待的方式，對待他人**。有這麼多工具能幫助你完成工作，沒有理由不為你的團隊成員付出更多努力。畢竟，日後需要他們幫助的人，可能就是我，而**良好的關係就像銀行，我們可以一次又一次從中提取善意——這對我們所有人都有好處**。

詹姆士．庫塞基（James Kouzes）、貝瑞．波斯納（Barry Posner）和黛布．卡爾弗特（Deb Calvert）在《停止銷售開始領導》（*Stop Selling and Start Leading*）一書中指出

「優秀的領導者能激發他人的潛能」：

身為領導者，你的期望提供了一個框架，讓客戶和公司同事能根據實際狀況調整，並設法達成目標。你的積極期望塑造了你對待他人的方式，以及他們投入工作的程度。[26]

像新冠肺炎這樣的可怕疫情是一面鏡子，能顯示領導層級的錯誤，並提醒你該快速解決問題。悲慘的時代不會製造錯誤，而是將錯誤攤在陽光下。俗話說：

美好的時代造就軟弱的人。
軟弱的人創造悲慘的時代。

26 詹姆士．庫塞基、貝瑞．波斯納、黛布．卡爾弗特，《停止銷售開始領導》，威立（John Wiley & Sons）出版，二〇一八年，第一四六頁。

悲慘的時代造就堅強的人。

堅強的人創造美好的時代。

在這複雜的世界中，能在正確的地方，創造出簡單原則（並讓其他人也能看見）的人，將能照亮前進的道路。「我付錢讓你做自己的事，跟我無關」的日子已經結束。

如何讓鯨魚上鉤

1. 投資自己、尋求新的挑戰，以提高自己的技能和價值。
2. 將不盡人意的主管視為機會，而不是阻礙。
3. 掌控團隊發生的一切，指導和授權他們在沒有你的情況下也能解決問題。
4. 以你希望被對待的方式對待他人，並為他們多做一點。
5. 危機不會造成錯誤，危機會讓我們看見錯誤。

14 一個疏忽，害客戶損失五千萬美元

沒有人會再去那家餐廳。那裡實在太擁擠了。

——美國洋基隊傳奇球員／尤吉・貝拉（Yogi Berra）

儘管你已經盡最大努力，狀況還是發生了。你跟你的隊友不可能無處不在，並完美做好所有事情。總之，某個地方出了錯，一位頂級客戶離開你，而你不知道原因。

在這個競爭對手巴不得吃掉你的世界，客戶投向對手懷抱的打擊實在太大。有時，甚至會讓我有一種人格分裂的感覺——某次，一位客戶想念我以前的公司，於是他離開我現在的公司，回去原來的地方賭博。我不但要跟對手競爭，還要跟過去的自己競爭！

我在前面的章節曾提到機構內部發生的問題，那是你看得到且能掌控的事情，可以

馬上挽救局面。但服務補救（service recovery）可能會花上好幾個小時、幾個星期甚至幾個月，時間長短取決於你何時發現問題，以及何時找到客戶離開的原因。畢竟，當你遇到商家很糟糕的服務，或不喜歡某家餐廳的食物，你會提出抱怨或客訴嗎？大多數人應該都是直接離開，再也不回來。

如果你夠幸運的話，客戶可能會要求跟經理談話。但是，「很少有不滿意的客戶會真的要求主管出面，」Stella Connect（按：一間協助企業改善客戶服務的顧問公司）網站上的文章〈服務補救：如何在體驗不佳後挽回客戶的心〉（Service Recovery: How to Win Customers Back After a Negative Experience）指出：「大多數人只會直接改用另一個品牌，不再跟你有生意往來。」[27]

我就有過類似經驗，而我的做法是盡可能遵循黃金法則。如果這地方的食物或服務我不喜歡，我會提出建議（因為我希望，我的客戶也能直接向公司反映）。也就是說，我會當場告訴他們原因。

有一次，我在我最喜歡的火鍋店喝膠原蛋白雞湯，我覺得味道很怪。另一道蝦子的料理送上來，我一咬便覺得蝦子粉粉的，應該是不新鮮。三個月沒碰火鍋，這次的經驗真是令人失望透頂！

餐廳請我們提供回饋（這是很好的做法），但是對方聽取意見後採取的措施，卻讓我們再也不想去。

「我們將您的意見告知廚師，」經理告訴我們：「他說蝦子是新鮮的！」

「我告訴你我的想法，是因為我在乎這間餐廳，」我說：「如果你不希望我提供建議，我可以去別家。」而我說到做到。

服務補救的四步驟，以及關鍵的步驟零

服務補救有個關鍵的步驟零（Step Zero），如果做得好，會讓剩下的過程容易許多。這個步驟就是**建立鼓勵回饋的文化，以便可以立即處理客戶遇到的問題**。讓客戶等

27 詳見：https://stellaconnect.com/blog/win-customers-back-with-service-recovery/。

待太久，客戶可能會忘記具體的細節，但他們不會忘記商品或服務帶給他們的感受。

幾句偶爾的提醒：「如果您需要任何東西，請隨時告訴我。」或「如果您有任何需要，請隨時打電話給我。」這樣就夠了，不需要太頻繁，只要讓客戶知道你隨時可以提供服務，客人便會提供更好的回應。

更好的方式是，將服務授權給每位員工，最著名的例子是麗思卡爾頓酒店（Ritz-Carlton）。他們的領導中心宣布：「麗思卡爾頓酒店的每位員工，不分層級，有權為每位客人申請兩千美元額度的費用，以每次事件計算。」

當然，並非每次都要花這麼多錢，事實上，這種自由裁量權很少會全額使用。但團隊成員知道，他們不必經過許多管理層級才能獲得批准。公司這樣做，表示信任員工，相信他們會做出正確的判斷，並能以自發性、有創意的方式解決問題。[28]

對客戶的尊敬是無法假裝的，因為（正如我之前說過的）客戶體驗是客戶、你和公司共同創造的東西，你必須帶頭鼓勵友善、開放的對話。這是友誼之所以可貴的原因，因為客戶會對你更敞開心胸，也更誠實。

如果你可以馬上解決客戶的問題，你就會證明自己值得信賴，並且有能力幫助客戶。誰不想要身邊隨時有個有能力的工作人員，為自己提供協助？

但是，如果不能立即處理，或者過了很長時間才發現問題，也沒有必要擔心——即使投訴已被發布在社群媒體上，全世界都看得到。這時，只要保持冷靜，並進入**步驟一（Step One）：想辦法得到誠實、有建設性的回饋**。

你可以這麼說：「老闆，非常感謝您決定加入我們。我們能做些什麼，讓您擁有更棒的體驗嗎？」讓團隊成員（最好是負責這位客人的行銷人員）打電話給他，並不經意的提出問題——安排一次面對面的會面更好。讓客人留下這樣的印象：我們想要解決問題，幫助他下次獲得更好的體驗。同時，向他保證：他的回饋是這一切的關鍵。

有個重建關係的好方法，就是建立比原先更迅速的聯繫管道。如果客戶是透過電子郵件、社群媒體或線上意見表提供回饋，請你回電話給客戶；如果客戶是打電話來反

28〈授權的力量〉（The Power of Empowerment），麗思卡爾頓酒店領導中心，二〇一九年三月十九日，詳見：https://ritzcarltonleadershipcenter.com/2019/03/19/the-power-of-empowerment。

應，你則可以安排跟客戶喝咖啡、實際見個面。

步驟二（Step Two）是道歉，承認問題並負起責任。客戶討厭公司人員不理會他們的經歷，反而顧著捍衛自己，或更糟：將責任推給客戶。

比方說，如果餐廳服務生弄錯我點的東西，我跟他反映，但他卻說：「我明明聽到你點了那個，而不是你說的這個！」這就是最糟糕的回應。

這時，你不如乾脆承認問題，並向客戶保證，你將盡一切努力讓他們滿意。通常一句真誠的「我們真的感到非常抱歉」就能安撫客戶，並讓他們願意再回頭光顧。

我的經驗是，當合適的機會出現時，他們會記得你，並給你另外一次機會。例如，在結婚紀念日、生日或其他重要日子，他們可能會想到你——如果你的提案安排得當，挽回他們的機會就很大。

步驟三（Step Three）是提供獎勵。在我們這一行，可能是額外的福利、更高的信用額度，或一瓶免費的葡萄酒等。這樣做是**為了向客戶所經歷的不便致歉，並向他們保證下次一定會改善**。

步驟四（Step Four）是整個團隊必須共同解決的部分：檢視常見問題，並找出導

致這些問題的系統性錯誤。多數投訴來自訂房手續、房務清潔、賭場環境或其他地方？是否有人給了超出他自身能力的承諾，卻無法提供服務？客戶從潛在客戶變成客戶的過程中，在哪裡遇到預期之外的困難？

主管不用凡事處理，授權給團隊成員的力量更大

此外，**不要低估授權給團隊成員所能發揮的力量**，他們能向客戶保證一切會安排妥當，並採取必要的（而現在更容易）行動來達成任務。

舉個我自己的例子。某次，我在公司的賭場舉辦我的生日晚宴，邀請客戶們一起同樂。我忙著四處張羅，並未前去招呼 B 先生——我的客戶中最富有、最有權勢的一位。

有人按下賭場大廳的緊急按鈕時，我正在別處為活動做準備，並盛裝打扮（甚至打上領結）。當我趕到大廳，現場真的是一片狼藉：整個大廳都被毀了，卡片撕成碎片、桌椅東倒西歪。B 先生顯然帶著他那惡名昭彰的脾氣一起來了，這也是沒辦法的事。

他看見我，立即向我抱怨我們的服務和賭博團隊，說他們滾動籌碼和開新賭局的動

作太慢。他說，我們的疏忽讓他損失了五千萬美元！

當下我唯一能做的，就是等他發洩完畢，關心他的挫敗感，並承認錯誤，讓他相信我會盡全力幫他解決問題。等到我終於能插上話時，我承擔了全部責任，而不是去怪罪其他人。我承認我們的錯誤：分派給他的人手不足，我們應該更了解他的需求，分配更多員工為他服務。我真誠的向他道歉，並承諾會盡可能妥善解決這個問題。

承擔錯誤這個決定或許很冒險，但這是正確的做法，而我要盡量不讓擔憂表現在臉上。如果公司不支持我，或他不肯善罷干休怎麼辦？如果他跑來我的活動，在其他人面前砸了我的場子怎麼辦？

最後，他精力耗盡。我發誓說到做到，把一切安排妥當，於是他讓我回去準備晚宴。不久後，我害怕的電話打來了——B先生會加入我們的活動！

還好，之前我對局勢的掌控，已確實讓他冷靜下來，他來的時候滿臉笑容。活動進行到一半，他示意我過去，向我借根菸。

「胖子，你知道輸了很多錢是什麼感覺。」那是他所說過，最接近道歉的一句話。

言語是一回事，但正如我們所見，每個人都是先成為我信任的朋友，接著才成為我的客戶。我們之間的心照不宣，讓之後的服務能延續下去。

保持堅定立場，並且信任團隊成員能提供最佳的服務。這應該是常規的練習，每次服務補救，都會讓你找到盲點，知道下次需要改進的地方。這就是團隊成長的方式，會讓你更有信心，不再犯相同的錯誤。

如何讓鯨魚上鉤

1. 服務補救是一個持續的過程，讓客戶參與、提出意見，而我們用心傾聽，並根據客戶回饋來採取行動。
2. 主管要授權給團隊成員，讓他們根據需要，立即處理問題。只有呈報給你的問題才需要你親自處理。
3. 對客戶的回饋心存感激，不要採取自我防衛的態度。跟客戶維持好關係，比維持你的自尊更重要。
4. 留意系統性問題，在問題變得更嚴重、逼走客人前，趕快解決。

15

主管喜不喜歡你不重要，重要的是你的業績

我在近距離實彈射擊的同時環顧四周，而違反了安全規定。你猜怎麼了？你不能同時做這兩件事……領導者的工作是做決定，以及指揮和掌控團隊。如果你不做，沒人會做。

——前海豹部隊軍官／萊夫．巴賓[29]

這是軍事和民間都會遇到的普遍問題——領導人試圖同時做許多事，最後崩潰。一旦加上業績壓力，或遭到敵人炮火攻擊時，一切都很容易分崩離析。

團隊管理，意味著對團隊完成工作的意願和能力負責。自己加班是一回事，期望別人願意和你一起加班又是另一回事。我想你也知道，如果你是唯一一個這樣做的人，那

完全無濟於事！

我從沒有暗示過你和主管必須互相喜歡，才能讓一切運作順利。事實上，在我大部分的職業生涯中，**我遇到的主管——委婉一點說——都更喜歡我的業績，而不是喜歡我這個人**。

晉升，意味著你必須從所有人當中脫穎而出，因此許多人不想跟你變成好朋友，也是理所當然。

例如，我跳槽的新公司就是這種情況。

我的部屬一開始對我很冷淡，其中一位甚至是比我更有經驗的資深員工，他對我空降成為他的主管感到十分憤慨！對他來說，我阻礙他在公司的發展；而他得向一個比他年輕、資歷比他淺的人匯報工作，讓他更火大。

29 出處同注釋 25。

團隊與其中成員，應具備的四種特質

以下是我認為團隊應該具備或努力爭取的特質：

1. 對公司及目標的投入

一般人在達到目標後，通常會鬆懈下來，但這可能造成負面影響。在二〇一九財政年度結束時，我們被去年的好成績沖昏頭，而沒有達到當年的業績目標。年底將近，如果我們不趕快扭轉局面，麻煩就大了。

我很想說當時我有極力保持自制，以冷靜的頭腦做出正確決定，但回首往事，恐慌、自我懷疑和沮喪其實已擊敗我的理智。我被恐懼嚇得動彈不得，讓團隊、主管，還有我自己失望了，當時的我完全失去工作動力。

我沒有得到主管及高層的支持，這讓事情變得更糟。團隊清楚看出我的倦怠，他們知道必須採取行動——無論有沒有我，他們都必須找到方法縮小業績差距。他們向我保證，會想出辦法、幫助我度過難關，而且將這份承諾化為行動，我們在二〇二〇財政年度開始時表現十分強勁。策略奏效，我們在新年度開始時有個緩衝。新冠肺炎疫情雖然對我們造成嚴重打擊，但團隊最後一刻的努力，讓我們不至於在風暴中滅頂。

團隊成員是否喜歡我這個人並不重要。他們必須忠於團隊，這是我在招募成員時的首要考量。到了該投入工作的時候，我只希望全部的人都準備好，全力以赴。冗員能少則少，那些人在其他地方工作會比較好。

身為領導者，我會確保沒有人被要求做我自己也不想做的事。如果我需要某人在凌晨三點處理某件重要的事，我希望他們能接受——但必須確定他們因為付出努力，而得到更豐厚的報酬。這不是可以輕易要求別人的事情，除非你跟團隊成員保持密切的合作關係。

我的助理兼策略規畫師，或許是最能跟我合作無間的人。在我情緒激動和一頭熱時，她會保持冷靜客氣的態度；在我可能不小心失去某人的忠誠或支持時，她會想辦法彌補；在有些人相處不對盤時，讓某個人悄悄離開。

投入工作最重要的步驟之一，就是盡可能擴大我們的個人優勢，並補強我們的弱點。

2. 清楚的領導

我知道這聽起來很多餘，但這裡的「清楚」一詞，指的是每個人都能參與目標，並積極維護團隊文化，使我們能夠以一個團隊的模式，共同朝著這個目標努力。

在要求團隊做任何事之前，團隊必須明白短期、中期和長期目標。所有層級的主管都必須清楚自己的職責和目標，以及每個角色該如何實現公司的願景。他們必須知道軍事規畫者所說的「指揮官意圖」（Commander's Intent）——也就是任務的最終目標。

威林克和巴賓指出：「必須授權初級領導者就關鍵任務做決定，以盡可能最有效、最快速的方式完成任務，每個戰術層級的團隊領導者，不僅得知道該做什麼，還得知道為什麼要這樣做。」[30]

成員了解整體的框架、每個任務背後的原因，以及個人有限的決策權後，可以自由制定自己的計畫，並掌握計畫的權限。這個方法也適用於那些討厭你管理他們的人，不如把他們的命運和業績目標交回他們手中。

本書前面的部分只是工具介紹，以及如何使用工具的範例。沒有哪件事必須被奉為定律。領導者要做的是，鼓勵部屬調整這些方法，並創造出適合自己個性和專業的新方法。計畫是他們自己想出來的，他們對計畫（和整個團隊）就會更投入。道理都是一樣，無論我是管理一個人，或是幾百個人。

3. 適應新環境的能力

我決定離開一家豪華、成熟的博弈公司，去另一家剛起步的博弈公司（同樣的事我做了兩次），實際上是想考驗我自己的適應能力。而且，我想看看我學到的東西和已建立的關係，是否能讓我即使換公司，也做到同樣的業績。

這句話已經被講到爛了：**在遇上真正的敵人之前，任何作戰計畫都不管用。**

因此，我們的戰略和方法必須做到這兩點——夠全面，才能遇到問題隨機應變；夠簡單，才能快速輕鬆的執行。在保持一貫願景和最終目標的前提下，我們必須能隨時根據需要而改變計畫。

30 同注釋25。

選擇這條路，團隊成員得嘗試完成許多事，必須承擔協調和溝通的風險；如果走另一條路，他們可能會措手不及，被迫邊做邊想。總是有太多不確定，前一種情況可能會陷入混亂，而後者是一場賭博，我打賭沒有客戶會願意跟你瞎攪和。

優先事項、需求和目標可能會快速變化，而這正是你應該關注的重點——實際上，當你跟團隊在研究局勢，並根據需要改變策略時，尋找客戶反而是次要的。認真說起來，新冠肺炎疫情正是對整個產業最殘酷的能力考驗。

調整會帶來痛苦的改變，許多公司不是太願意做，就是壓根兒不願意做。如果只是魯莽的裁員或組織重整，卻沒有好好管理整個過程，並了解為何必須採取每項行動，那麼你就放棄發揮能力的機會，到頭來毫無收穫。而如果不夠積極改變，例如公司不願意開除任何人，或改變任何事情，改變就永遠不會發生！

成功，是源於犯錯

多年來，我有個有趣的觀察，關於不同世代的偉大企業家，如何應對商業的不確定性。過去，溝通和訊息傳遞不如現在即時，領導者必須針對所有可能性制定計畫。一切都經過討論、整理和定稿，詳列更改的內容和方式。在實際執行前，還必須提出計畫並審查。直到募集到創業投資，並通過焦點小組反覆的測試，才會提出一個全新的點子。

現在的情況正好相反，新創公司正逐漸嶄露頭角。由於可以創建新實體，且全世界的市場快速投入，商業理念可以不斷更新，並反覆測試和修改。

過去的計畫緩慢，要逐步增加變化，到現今已不管用——企業家反而是透過實踐來學習，改進產品和服務，並不斷更新，直到做出受歡迎的產品。如果你遇到的超級富豪喜歡這個話題，一定要提出來跟對方討論！

這個過程中一定會犯錯。亞馬遜（Amazon）創辦人傑夫・貝佐斯（Jeff Bezos）之所以能成為世界首富，正是因為他犯了數百個錯誤，而且未來還會繼續犯下更多錯誤。但他擅長利用成功的嘗試，降低錯誤造成的後果，並迅速放棄注定會失敗的想法。這種絕佳的適應能力能夠管理風險，也是投資者持續看好的原因。

更糟糕的是，有些意識到必須做出改變的公司，卻不直接解僱不需要的員工，或不願意支付遣散費，反而處處刁難，讓員工被迫自行離職。這種減少人力的重組方式相當不光彩，但公司和員工卻是自作自受。

以我為例，我的客戶圈子不得不做出改變。我的第三家公司，沒有第二家那麼時髦，但客戶身為我的朋友，會願意聽我解釋這家公司的優勢。雪梨是一座美麗的城市，有很棒的天氣、美味的食物和清澈的藍天，我們的服務不輸給任何人。因為我們已經從交易銷售轉向關係銷售，客戶很樂意相信我的話，願意跟我一起打造感動人心的全新體驗。我們的團隊會隨時聽命，確保客戶喜歡每一分鐘的體驗。

團隊投入並非賭場的虛榮豪華就能取代，我們有很棒的團隊合作，儘管設施比較不浮誇，但我在第三家公司的業績，實際上超前第二家公司，並始終保持領先！

這讓我想到了下一點：即使員工遇到問題，信任也能讓他們保持快樂和專注，並致力於讓客戶滿意的共同目標。

4. 信任你底下的各級主管（部屬）

各級主管必須互相信任，才能執行任務，並在需要時讓你了解情況，也讓彼此了解。這樣一來，你只需要直接管理各級主管就好。由於你們彼此信任，因此能夠說出困難的決定，並鼓勵每個人提出他們的觀點。

我不問你能不能應付得來；因為我知道可以信任你，就算當下遇到瓶頸，你也會想辦法解決。必須好好建立信任，威林克在《領導力戰略與戰術》（*Leadership Strategy and Tactics*）一書中指出：「有些時候，只有信任能凝聚從上到下的整個團隊。」[31]

在快速變化的情況下，我們別無選擇，只能指揮附近隨便一個人（在賭場的世界裡，這種問題很常見），每個人都知道現在不是問問題的時候——服從命令，做該做的事就對了。由於我們彼此信任，樂於接受彼此關心，這讓我們能在忙碌中保持合作，並互相提醒。如果部屬無法執行指令時，「我必須相信他看見我沒發現的問題，」威林克

31 喬可．威林克，《領導力戰略與戰術》，聖馬丁出版社出版，二〇一九年。

說：「我必須相信，如果可以的話，他會盡一切努力達成任務——但他就是辦不到。」

我的主管常常不肯下困難的決定，但至少他們願意給我足夠信任，放手讓我全權管理公司的行銷部門。我將在下一節中分享更多管理主管的方法，但是這有個前提：主管會願意放手讓我去做，是因為我確保自己的努力成果，一定能讓他們滿意——讓公司所有人都達到目標。

我會平衡時間分配，設法掌握整體狀況，也會花時間了解團隊，跟他們一起探索各種可能性。每個成員都會發展出一套跟客戶交朋友、合作的風格和方法，而我則會以本書提過的技巧，花時間幫助他們改善做報告和看人的能力。

有兩個徒弟特別讓我感到驕傲，我把他們從第二家公司找來，一起加入第三家公司。我可以感覺到他們身上有股熱情，好好培養的話，未來一定能成為獨當一面的公關和行銷人員。那時，他們各自擁有幾年的工作經驗。然而，在**團隊成員能掌握自己知道和不知道的事之前，強行指導是沒有用的**。

我告訴他們努力的方向，但不強制他們必須聯繫通訊錄上的每位客戶，甚至他們也不需要每天進辦公室，或定期向我報告，只要他們能完成預期的交易就好。畢竟，如果你不能把人名列表變成忠實客戶，擁有再龐大的資料庫也沒用。

三個月後，他們帶著有待改進的結果回來找我，尋求我的幫助。現在他們更加腳踏實地並樂於接受指導，我教他們技巧，分配給他們處得來的客戶，並指導他們如何呈現報告和其他他們需要的技能。今天，他們憑實力成為高級銷售主管，擁有成功的事業，我為他們感到無比驕傲。

如果我們沒有仔細研究客戶的生意、配偶和子女、合作夥伴和同事、個性特徵和喜好，並建立完整的檔案，任何大客戶都無法進入賭場的大門。然後，我們會為每個客戶搭配他可能喜歡的服務內容，由最可能完成銷售的團隊成員介紹給他——整個套裝行程，可說是量身訂做。

這是團隊合作最基本且不可或缺的元素，適用於公司內部的同事，以及對外的客戶和朋友。原則一體適用——真正的聯繫和友誼無法強迫，而是必須達成努力的目標，讓團隊成員和客戶都能在工作、生活和利益方面獲得進展。

讓客戶成為常客，和你的宣傳大使

衡量成功的標準不只是金錢。我們發現，**客戶的忠誠度會展現在營收上**，而這也是讓他們一次又一次回到我們身邊的原因。他們不會停止在我們身上花錢；理想情況下，透過本書的技巧，你可以讓他們變成宣傳大使，將朋友和熟人介紹給我們。

我曾發生過幾次事件，由於我的經驗不足或公司內訌，導致計畫出錯，而讓我一蹶不振——但令我驚訝的是，有些客戶會挺身而出，提供幫助。事情是這樣的，一旦事情進展順利、跟客戶建立了友誼，這些超級富豪就會成為你的夥伴和啦啦隊，因為他們相信你會為他們做到最好。這應該是每個團隊成員，從銷售到最高管理層，再到禮賓和後勤團隊，都應該牢記的目標。

不論你的層級為何，都可以成為一個領導者。我誠心祝福你能成為美國作家史蒂芬．帕斯菲爾德（Steven Pressfield）筆下的偉大領導者：

……定義了戰士犧牲的原因。不是野獸或奴隸這種愚蠢的服從，而是清楚明白內心對願景和意義的追求。最偉大的指揮官從不發號施令，而是以自己的行為和情操，讓部屬起而效之。偉大的冠軍會將領導權交還給你，讓你對自己提出質疑：我是誰？我在追尋什麼？我這輩子存在的意義是什麼？[32]

32 史蒂芬．帕斯菲爾德，《軍人》（*The Profession*）第一章：兄弟（1: A Brother），Crown Publishing 出版，二〇一一年。

如何讓鯨魚上鉤

1. 挑選合適的人，讓他們參與你的計畫和目標。每個人都應該跟部屬學習。
2. 授權部屬制定自己的計畫，並採取行動——只要在管理階層設定的範圍內，並與目標保持一致。
3. 對改變抱持開放態度，並根據需要調整計畫。不論你在哪一行，類似新冠肺炎疫情的重大衝擊，絕對不會是最後一次。下次遇到問題時，要能善用你所學到的一切。
4. 主管之間必須互相信任。一個管理良好的團隊，會根據每個人的優缺點，而各自有明確的職責範圍。

16

當公司遇到問題時，我成為解決問題的首選

我學會把自我擺在任務和主管之後。這表示我存在感很低？不，這意味著我將團隊和使命置於自己之上，這樣我們才能獲勝。

——喬可．威林克[33]

我先前分享了我是如何讓主管支持我：只要達到他們希望的業績，我就可以自由按自己的方式行事。現在，是時候分享我的團隊如何管理我的感人事件了。

33 出處同注釋31。

我的生日是八月十八日，按照以往經驗，這是一整年業績最差的時期，因為這段時間沒有重要的國際公共假期。一般而言，這時期就是淡季，但我身為銷售主管，就是要確保沒有所謂的淡季。

於是我想到一個點子：以幫我慶祝生日為由舉辦活動，而我的總裁頭銜，讓我可以把活動命名為總裁的邀請（President's Invite）。對我的VIP好友來說，這將是個尊榮的活動，而我也打算在晚餐後邀請他們賭博。不過，我希望這個活動能長久舉辦，因此並沒有以自己的生日派對作為宣傳主題。

但我卻臨陣退縮，擔心起發送出去的訊息內容——我哪有資格邀請這些超級富豪朋友，並要求他們給我回覆？我怎麼敢奢望他們願意搭八小時飛機，就只因為我提出一個要求？

儘管我早在五月就開始進行這個計畫，還聘請一個活動團隊，並為慶祝活動砸下十萬美元，卻無法停止心中嚴重的焦慮。結果，我太晚做出關鍵決定，公司的場地已經有人預訂，活動不得不在別處舉辦，我必須承認這是我的錯！

我要感謝活動團隊負責人讓我走回正軌，儘管我焦慮、猶豫不決，一再測試他們的耐心。一直到活動前幾週，我才確認所有細節，其中一個人還對我大吼，才讓我恢復正常。真心感謝他們兩位！

那是事情的轉折點。儘管問題仍然層出不窮，但那個熟悉的、以結果為導向的馬庫斯，終於重新回到軌道。我確認十二名受邀者都會到場，而總裁的邀請最後成為公司最賺錢的活動。第二年，我們擴大到三百位客人，但第一年仍然是我最美好的回憶之一。感謝我的團隊在巨大壓力和眾多不確定因素下，依然能快速展開行動，並掌握所有發生的事。

這與你作為管理者的角色有什麼關係？事實上，**你比公司高階主管更能掌握實際狀況，因此能夠管理主管的期望，並扮演支持他們的角色**。

領導者需要授權給部屬，也需要建立與主管合作所需的關係資本。如果你能做到這一點，會對整個公司產生重大影響，而且合作的範圍越廣，你的地位就越顯重要。

有許多主管身邊都是應聲蟲，他們覺得靠關係就能晉升上位，因此只跟主管說他們想聽的話。

以下我對關係的見解，很容易被誤解為是拍馬屁，或是想當主管跟前的紅人、寵兒，但事實並非如此。過去在校園裡可能是這樣沒錯，但我們都是成年人了，不應該將這種態度帶入職場。幫助他人獲得他們想要的結果，為什麼是糟糕的事？

不受歡迎的主管無法成為團隊的力量，但如果只是為了讓他們知道自己的表現有多糟，卻讓他們（和你自己）嘗到失敗的苦果，反而得不償失。

我為主管與同事做的，也正是我為客戶做的

把你跟其他決策者、團隊成員之間的關係，想像成銀行。在銀行，你只能提領存入的錢。因此，想跟他們成功溝通，並讓他們跟你站在同一陣線，你必須先在工作中建立關係。這點做得越好，你越能大展身手，他們越認真看待你，你的團隊合作就越能發揮效果。

如何讓其他人信任你、願意聽你說話？最好的方法顯然是出色的業績，這意味著你應該盡量毫無怨言的完成主管交辦的事。即使你並不完全同意也照辦，因為你的主管也正在盡全力解決來自更上層的問題。威林克指出：「針對每一個問題，我就是解決方

案……我是能夠解決問題的人。更重要的是，我對主管有影響力。」[34]

起初，我和新上司經常發生衝突，有些部屬也不喜歡我，因為他們想要的職位被我奪走了。然而，有次我跟一個不太友善的地區負責人交談時，我決定先釋出善意。我告訴他：「好吧，我不勉強你跟我報告，但這是我們的目標，如果你認為沒有我也能達到目標，就去做吧。但如果你做不到、需要幫助，隨時可以來找我。」

我很清楚他想讓我難看，他在背後指責我密謀解僱團隊，好把我的人帶進來。請注意，我並沒有被自尊或情緒影響，也沒有直接對質我們對彼此不爽的事實。我還有其他選擇，其他東南亞國家的業務都在蓬勃發展，因此我給他留了個面子，希望他不要再繼續跟我唱反調。

如果他想繼續按照自己的方式做事（而他確實做得很好），他就必須跟同事競爭，看誰能拔得頭籌。他同意了，那次談話後我們繼續向前邁進。

34 同注釋33。

後來，某次在雲頂高原（按：馬來西亞著名高原旅遊景點，有遊樂園、酒店、餐廳、賭場等）我們旗下的一個度假村裡，為一位我們這行的大人物舉行盛大聚會時，他來找我幫忙了。

當天，生意上的許多競爭對手都會到場，他需要我出席，以幫助他的團隊脫穎而出。當時我人在泰國，但我立刻丟下手邊一切，只為了表示對他的支持。事實證明這是一個正確的決定，那年他的業績，是目標的三倍！

事實上，**我為主管和團隊成員所做的事，正是我為超級富豪所做的事——當他們遇到問題時，我成為解決問題的首選；或者，至少傾聽他們的問題。**

美國前陸軍上將、前國務卿科林．鮑爾（Colin Powell）對領導的詮釋如下：

領導力就是解決問題。士兵不再提出問題的那刻起，就是你對他們的領導停止的時候。他們不是對你失去信心、不再相信你能提供協助，就是斷定你根本不在乎。任何一種情況都是領導失敗。

我被視為能解決問題的人，這樣的名聲就是我的最佳資產。

無論是必須加入的夥伴關係，或是必須跟另一個人對抗，這都是我最有力的武器，不論職位高低。我可能跟他們意見不同，或不欣賞他們的工作方式，不過這些相較之下都不重要。跟我剛踏入這一行相比，現在我的團隊更會幫助我制定、修正和執行計畫。

這並不表示我將自己局限於銷售，因為客戶所體驗的一切，都是銷售。

服務標準下滑？我會思考自己能做什麼，鼓勵服務生、發牌員、廚師和其他團隊成員做得更好，以及我可以分配哪些資源幫助他們。

客戶威脅要離開？我會去了解他需要什麼，並說服他回來。曾經有個客戶，原本正在前往我以前工作地點的路上，但在接到我的電話後回心轉意！

團隊成員是否承諾太多，讓客戶對我們能提供的服務產生錯誤印象？我會坐下來跟他們談談，建議他們的報告和結語應該如何改善。

有意義的改變，由你開始

花時間了解你周圍的每一個人，也就是你的直屬主管和部屬。就像我們要記錄每個大客戶，你也需要了解每個團隊成員在家裡（當然，要他們願意跟你分享）和工作中的情況，了解他們的好惡以及優缺點。這樣做不是要操控他們，而是幫助他們充分發揮擁有的才能和天賦。

跟他們約時間喝咖啡，談談他們在工作上及工作之外關心的事情，並找到能支援高層和為部屬清除障礙的方法。

在不同的人身上，必須採用不同方法，才會有絕佳效果，千萬不要用千篇一律的態度來管理員工。

我會有今日的成就，都是因為主管發現如果盯緊我，我反而不會有好表現，於是他們讓我在部門中自由發揮。

因此當我在團隊中，看到類似的「野馬」時，我會默默指引他們正確的方向，然後我就閃一邊去；而有些人則需要更多的時間和指導，直到他們掌握訣竅，一旦他們學會，工作就能上軌道。領導的重點在於，激發出每個人最好的潛能。

團隊成員看到我對他們的職業生涯感興趣，我們的關係就越好——即使我們並不是針對每個問題都能達成共識，甚至相處也不算融洽。

而主管越常看到我們合作解決問題（尤其是對他們來說很重要的問題），我們就能擁有越多影響力，並在需要時運用。

雖然說，一個好的領導者，應該對任何回饋或批評都抱持開放態度（甚至是歡迎大家提出任何意見），但並不是每個人都會這樣做。這就是建立關係資本之所以如此重要的原因。

指揮鏈上下都該有開放的溝通管道。沒有人會希望自己的意見沒人聽、說話沒分量，不論對個人和整個團隊來說，都是如此。

並不是對問題視而不見、不去想就會天下太平。永遠都不該害怕壞消息，讓該正視問題的人好好面對。

溝通問題其實就是行銷專家雅特．馬克曼（Art Markman）所說的「壞預兆」，或是更深層系統性問題的原始徵兆。「這是個預兆，表示有事情出錯了，雖然它本身可能並不構成問題。」35

他舉了一個具體的例子。組織的問題不是缺乏溝通，而是「沒有明確的架構，規範員工可以做什麼和不能做什麼」。

模糊的職責分配在一開始時沒什麼問題，但隨著更多員工加入，透過觀察他人來定義自己角色的機會，卻會慢慢減少。

為了獲得有用的訊息，團隊和管理層之間的良好溝通和合作，是最基本條件。計畫、指導方針和指令必須簡單明瞭，才能讓每個人都了解自己的角色，以及執行任務的目的。這件事必須融入整個公司的文化。

不需要等待公司高層採取行動，有意義的改變由你開始、也由你結束。你可以隨時利用以下問題檢視自己和隊友：

1. 我是否承擔能全部權責，讓自己處於解決問題的最佳位置？
2. 我們是問題製造者還是問題解決者？我們需要做什麼才能成為後者？如何知道我們已達成目標？

3. 我可以信任誰來告訴我壞消息，並在需要時糾正我們的做法？
4. 我們與管理者的關係如何？在權限範圍之外的事務，我們是否有發言權？
5. 我們可以採取什麼行動，以打造出一個理想的團隊？

35 雅特．馬克曼，〈溝通不良通常是另一個問題的徵兆〉（"Poor Communication" is Often a Symptom of a Different Problem），《哈佛商業評論》（*Harvard Business Review*），二〇一七年二月二十二日，詳見：https://hbr.org/2017/02/poor-communication-is-often-a-symptom-of-a-different-problem。

如何讓鯨魚上鉤

1. 每天的努力勝過一時的表現，但最需要的還是領導力：要有堅持到底的信心，以及能在必要時做出改變的謙虛態度。
2. 關係就是一切，對同事和客戶都是如此。透過優異表現、願意幫忙解決問題，並了解他們的個性來建立關係。
3. 激發部屬最好的一面。他們是幫你達到業績目標的人，與他們建立開放、信任的關係是無可取代的。
4. 在指揮鏈上下簡單明瞭的傳達目標、願景和計畫，授權各級主管按照日程執行計畫。

後記

尊敬要靠自己贏得，而非命令他人

這是一本非常私人的書，出書目的是想跟任何感興趣的人，分享我一路走來學到的商業祕訣。如此一來，跟超級富豪會面和贏得人心的技巧，不再覆蓋上一層神祕的面紗；許多公司、公關和業務員都可以跟他們合作，提供令人驚豔的全方位體驗。

這本書也代表我希望新一代能將這些原則發揚光大，讓每個人都受益。為此，我決定寫一封簡單的信給我十歲的兒子，作為這本書的結尾。以下是我想告訴他的話，同時也獻給所有即將開始工作的人。

麥克斯（Max）：

在我寫這篇文章的時候，你十歲，爸爸四十二歲，而新冠肺炎疫情正以意想不到的方式，挑戰著我們所有人。

對於我所在的行業、旅遊和酒店業來說，尤其如此。我在六月辭去工作，我曾經為公司和我熱愛的領域付出和犧牲許多，因此，我很難過事情最後如此改變。你已盡了一切努力，並提高附加價值，卻發現自己不再被需要。

當然，我很沮喪，自問還能做些什麼。我表現不佳嗎？我不是把公司帶到新的高度嗎？業績數字說明了我的能力，我和上司花很多時間討論另一種結果。最後，我只能接受公司的決定，恭喜他們，祝他們一切順利。

這對我們所有人來說都很不容易，但**艱難時刻才能激發我們的潛能**。

當你還在媽媽肚子裡時，我還在辛苦維持家裡生計——當時，我在經營爺爺的水上滑板生意、宅配蛋糕，以及週末的寵物咖啡館。我什麼都做，想辦法養活一家人，我記得那些漫長的夜晚，我們身上沒錢了，我一直在想還能做什麼。那時我們甚至連製作漢堡的材料都買不起！

當時的情況可能比現在更困難，但解決方法都一樣——跨出第一步，並採取行動。我決定先找一份白天的工作，讓我能支付帳單和養家糊口，然後盡可能的去追求我的熱情所在。

過去，我追逐的是金錢，而不是熱愛的事物。但我想提醒你：**永遠不要只追逐金錢，這只會為你帶來悲傷和失望**。我分身乏術，做太多不同的事，卻沒有找到自己真正的優勢。此外，我信錯了人，還拿錢給他們進行從未兌現的投資。但我認為，不需要因此而失去對人的信任，只要記得驗證他們所說的話是真是假，並尋求必要的專業協助！

最重要的是，當時的我無法專心幫客戶解決問題，這是任何成功的企業都該辦到的。這一路有你相伴，如果我繼續投入不賺錢、不重要、連自己也不太懂的生意，這將是個天大的錯誤。我不能再繼續犯錯，因為我想盡我所能給你最好的。

不過，我不認為這是浪費時間。生命自有奇怪但驚人的邏輯，會讓一切回到正軌。

在經營寵物咖啡館期間，我和一位導師李先生很親近。他是一個成功的企業家，擁有寵物農場，我們的狗都是從他那裡找來。他跟我分享許多人生經驗，他的成功令我嘖嘖稱奇：他的知識都是靠自學，而且他一直在廣受重視的領域學習和成長——如何繁殖、養育和出售狗。他做得非常出色，可能稱得上是新加坡首屈一指的「馴狗師」！

當他賺到第一桶金時，沒有因此停滯，而是投入相同的專注，去學習其他技能，並且變得更加成功。我從他那裡學到最重要的事，就是一次只專注於一件事。我最擅長的是人際網絡和銷售，所以我必須專注在這一點上。我沒有其他的長處了。

如果不是為了你，這本書永遠不會出版。我很幸運在低潮時，得到加入一家大型跨國度假村公司的機會，雖然我在那裡的時間很短，卻為我的職業生涯奠定堅實的基礎，讓我學習到有關酒店業和博弈業的一切。

過去十年，我一直在挑戰這個行業和自己，希望能提升博弈業的各個方面，而不只是我們負責的這一小部分。我們如何提升客戶體驗，並確保他們不斷回頭？我們如何找到最優秀的人才，向客戶和團隊成員推銷夢想？

沒有人能完美的做到這一點，我必須坦承，我自己的方法也是優缺點兼具。回過頭來看，更多合作會帶來更多成功嗎？答案是肯定的，而且跟客戶接洽時，肯定會找到其他更好的方式。

重點是做自己，並與其他人保持團隊合作。真誠的態度很寶貴，只要能達到預期目的，任何方法都是合適的。每個人都應該磨練自己的風格，成為偉大團隊的一員，並設法解決問題。我相信你會在這方面做得很好，因為你很有吸引力和個人魅力。記住，尊

敬要靠自己贏得，而不是靠命令讓他人尊敬你——我希望你能贏得每個人的尊敬，包括所有你遇到的人，和未來將一起共事的人。

在疫情來襲之前，我在這個行業經歷了一段奇妙的旅程——代價卻是錯過許多你成長的歲月。這是我最大的遺憾之一，對此我深感抱歉，我發誓我會盡一切努力來彌補。在某種程度上，我很感謝疫情讓一切都慢下來，讓我們有機會一起度過這麼多有趣的時光。我們比以前更親近了，我很高興出門時我終於握住了你的手。你帶給我全新的力量，讓我再次理解家庭的價值。

疫情影響了許多層面，我們都不確定未來會發生什麼事。這本書總結我迄今為止的旅程，以及我所學到的東西，我相信無論發生什麼狀況，這些原則都能適用。這是我的教戰手則，在我準備好進行下一次冒險前，希望也能對其他人有所幫助！

在我停筆前，我想給你上一堂李先生教我的人生課：

首先，一開始是最困難的。賺到第一個一百萬是最難的，因為你必須靠自己；你必須努力工作，努力存錢。奢侈享受必須再等等。

其次，一旦你辦到了，就可以跟其他人合作。對象可以是你最親密的朋友，或生意上往來的熟人。我想再次強調調查和尋求專業人士協助的必要性。這樣做需要支付費用，但我向你保證，這筆錢在更大的計畫中根本不值一提。調查和相信朋友是兩回事，如果你的「朋友」反對這麼做，那麼合作計畫可能有問題。

你的團隊必須集中所有資源，而且，工作量將比你為第一個一百萬投入的更多——但從現在起，會有人跟你一起工作、推動計畫和分享你的挫敗感。和以前一樣，奢侈享受再等等等。

第三階段，獲得認真的專業協助。當你有五百萬時，私人銀行家就會來找你。好好把握這個機會，利用公開透明的步驟，進行你能負擔得起的投資。讓律師審查投資組合的每項建議，這樣你就可以享受持續的被動收入和資本收益。現在就能盡情的享受奢侈品了——因為你已經賺到了！

不過，**無論你處於哪個階段，都要記得享受生活，因為你只能活一次**。學會照顧好自己，因為爸爸和媽媽不會永遠在你身邊，雖然我們也想一直陪著你。我對你充滿信心，有一天你一定會有所成就。

記住，有很多錢不一定會讓你快樂。不要追逐金錢，而是找到方法去做你喜歡做的事，而同時有人也欣賞和重視這件事的價值，這會引導你走向真正的財富。

我愛你，麥克斯。

致謝

感謝我的家人和親人，他們容忍了我誇張的情緒波動和遠大的夢想。

感謝我的教母，她為我開啟一個全新的世界，給了我一個貧窮家庭的孩子不可能有的體驗。

感謝約翰·莊（John Chong），他給了我進入這個行業的機會。

對於所有仍然相信我的人，我會努力不讓你們失望。對於我服務過（或尚未服務過）的客戶，沒有你們的支持和指導，我什麼都不是。我能有今天都是因為你們。

本書的讀者，恭喜你邁出投資自己的這一步！希望你在閱讀過程中，得到許多樂趣，就像我寫這本書一樣。

致那些對我沒什麼好話可說的人：謝謝你無意間帶給我的鼓勵！我不想虛偽的祝你一切順利，只希望我能幫助你的競爭對手，掌握比你更多的優勢。

國家圖書館出版品預行編目（CIP）資料

讓鯨魚上鉤：抓住高資產客戶的銷售聖經，業績快速衝頂的超業思維。／林義儐（Marcus Lim）著；曾秀鈴譯. -- 初版. -- 臺北市：大是文化有限公司，2022.09
240面；14.8×21公分. --（Biz；399）
譯自：How to Hook a Whale: Secret of Selling to the Ultra High Net Worth
ISBN 978-626-7123-67-6（平裝）

1.CST：銷售　2.CST：行銷策略

496.5　　111008364

Biz 399

讓鯨魚上鉤

抓住高資產客戶的銷售聖經，業績快速衝頂的超業思維。

作　　者／林義儐（Marcus Lim）
譯　　者／曾秀鈴
責任編輯／連珮祺
校對編輯／李芊芊
美術編輯／林彥君
副 主 編／馬祥芬
副總編輯／顏惠君
總 編 輯／吳依瑋
發 行 人／徐仲秋
會計助理／李秀娟
會　　計／許鳳雪
版權經理／郝麗珍
行銷企劃／徐千晴
業務助理／李秀蕙
業務專員／馬絮盈、留婉茹
業務經理／林裕安
總 經 理／陳絜吾

出版者／大是文化有限公司
臺北市 100 衡陽路 7 號 8 樓
編輯部電話：（02）23757911
購書相關諮詢請洽：（02）23757911 分機 122
24小時讀者服務傳真：（02）23756999
讀者服務E-mail：haom@ms28.hinet.net
郵政劃撥帳號：19983366　戶名：大是文化有限公司

法律顧問／永然聯合法律事務所
香港發行／豐達出版發行有限公司 Rich Publishing & Distribution Ltd
地址：香港柴灣永泰道 70 號柴灣工業城第 2 期 1805 室
Unit 1805, Ph.2, Chai Wan Ind City, 70 Wing Tai Rd, Chai Wan, Hong Kong
電話：21726513　傳真：21724355
E-mail：cary@subseasy.com.hk

封面設計／林雯瑛　　內頁排版／江慧雯
印刷／鴻霖印刷傳媒股份有限公司

出版日期／2022 年 9 月初版
定　　價／新臺幣 390 元（缺頁或裝訂錯誤的書，請寄回更換）
I S B N／978-626-7123-67-6
電子書ISBN／9786267123706（PDF）
9786267123690（EPUB）